不做菜鸟
我的第一本
装修全书

理想·宅 编

U0214825

海峡出版发行集团
THE STRAITS PUBLISHING & DISTRIBUTING GROUP | 福建科学技术出版社
FUJIAN SCIENCE & TECHNOLOGY PUBLISHING HOUSE

图书在版编目（CIP）数据

不做菜鸟，我的第一本装修全书 / 理想·宅编 . —福州：福建科学技术出版社，2017.4
ISBN 978-7-5335-5263-3

Ⅰ.①不… Ⅱ.①理… Ⅲ.①住宅 – 室内装修 – 基本知识 Ⅳ.① TU767

中国版本图书馆 CIP 数据核字（2017）第 040806 号

书　　名	不做菜鸟，我的第一本装修全书	
编　　者	理想·宅	
出版发行	海峡出版发行集团	
	福建科学技术出版社	
社　　址	福州市东水路 76 号（邮编 350001）	
网　　址	www.fjstp.com	
经　　销	福建新华发行（集团）有限责任公司	
印　　刷	福州华彩印务有限公司	
开　　本	700 毫米 ×1000 毫米　1/16	
印　　张	11	
字　　数	163 千字	
版　　次	2017 年 4 月第 1 版	
印　　次	2017 年 4 月第 1 次印刷	
书　　号	ISBN 978-7-5335-5263-3	
定　　价	39.80 元	

书中如有印装质量问题，可直接向本社调换

前言

　　房子的装修对一个家庭来说，是很重要的工作，然而对于一个从未装修过的菜鸟来说，却是一项艰巨的工程。

　　房屋装修，是一个较专业、有很多细节需要考虑的工程。如果装修过程中只跟着工人或进度走，就会完全处于被动局面。其实，只要了解装修的整个过程，抓住重点，就可以轻轻松松地进行装修。

　　本书是针对不大熟悉装修行业的业主，以一条清晰完整的装修流程为主线，全面讲解装修过程中所需要的各方面知识。包含如何进行新房验收，如何确定设计风格，如何编制家庭装修预算，如何挑选环保材料，以及后期如何进行装修完工验收等。同时让业主了解装修中应警惕的九大陷阱，并有效地解决这些问题。书中内容精炼易懂，并搭配表格的形式，直观、简明、易记，能够切实地帮助业主解决实际问题。

目录 contents

第一章

新房验收注重细节

不掉入开发商花言巧语的陷阱

房屋验收流程

1. 核验业主材料。

2. 业主领取《竣工验收备案表》《房屋土地测绘技术报告书》《住宅质量保证书》和《住宅使用说明书》，并由开发商加以说明。《竣工验收备案表》《住宅质量保证书》和《住宅使用说明书》必须为原件而不是复印件。

3. 业主领取钥匙并签署《住宅钥匙收到书》。

4. 业主做综合验收。

5. 业主就验收中存在的问题提出咨询、改进意见或解决方案。

6. 开发商与业主协商并达成书面协议。

7. 根据协议内容解决交房中存在的问题，无法在 15 日之内解决的，双方应当就解决方案及期限达成书面协议。

8. 业主签署《入住交接单》。

房屋验收方法

电

在施工验收房屋时要检测每个房间是否电路通畅，打开每个房间的白炽灯泡看它们是否都正常。每个房间内的插座千万不能忘记，现在市场上有卖简易的试电笔，可以用试电笔来测试每个插座是否都有电。如果没有试电笔可以用土办法，用手机充电器或是电吹风都能测试出来。

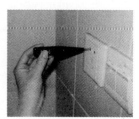

② 水

在毛坯房中，卫生间、厨房都有安装好的水管线，但大多都没有水龙头。排水系统的检验可以接一桶水，分别灌进排水管道中，看排水有没有堵塞的现象，如果听见咕咚咕咚的排水声则说明排水通畅。卫生间的地面应该是做好防水的，所以收房时闭水实验必须要做，这影响到以后二次防水施工的成败。

收房提示

如果买的是顶层，一定要查看各个房屋的顶面有无雨水渗漏的痕迹。按照建筑施工要求，所交工的房屋要么经过两场大雨的"考验"，要么施工方在监理单位的监督下进行过雨淋实验。

③ 通风系统

通风系统是在验房时容易被忽视的地方。烟道、排风道都是容易为以后日常生活留下隐患的地方。在烟道、通风口中用手电检查是否存有建筑垃圾。用纸卷点燃后灭火冒烟，放在厨房烟道口下方 10 厘米处，如果烟上升到烟道口立即拐弯吸走则说明通风良好。卫生间的吊顶下应留有通风口，同时，应查看是否方便拆装，可以用冒烟的方法测一下通风是否良好。

4 门窗

现在住宅安装的都是防盗门，打开门后要仔细观察并用手去触碰门的表面，看它是否平整，有没有划痕或被撞击过的地方；再目测看门框正不正，因为门框不正会直接影响日后的使用，更应该来回地试试锁具看是否能正常开启、关闭，遇到问题要及时向开发商反映并进行更换。

5 墙面、地面

在毛坯房的验收中，墙面、地面是面积最大、最关键的地方。要检查所有房间的墙面、地面是否平整，厨房、卫生间的墙面是否有空鼓。卫生间和厨房的墙面如若有空鼓的地方，日后装修在贴上瓷砖后容易造成脱落。墙面是否有空鼓，可以用小锤子敲打来测试，通过敲打时发出的声音来判断。

收房提示

看承重墙是否有裂缝，若裂缝贯穿整个墙面并且透到背后，表示该房存在危险隐患，对这类房屋，购买者一定不能报以侥幸心理。局部墙面存在细微裂缝，属粉刷层开裂引起，不影响主体结构安全，可在装修过程中予以解决。

准备验收资料

序　号	内　容
1	《交房通知书》和《收楼须知》（原件）
2	业主身份证原件和复印件 2 份
3	家庭成员身份证原件、复印件各 1 份
4	业主及家庭成员每人 1 寸照（2.54 厘米）2 张
5	《购房合同》原件、已缴款项的收据原件
6	未缴的购房款和物业管理应缴的款项
7	卷尺：用来测量房高
8	手电：检查房屋角落是否渗漏
9	堵下水材料：封堵下水管道
10	《住宅质量保证书》
11	《住宅使用说明书》
12	《保修卡》和《住户手册》
13	《竣工验收备案表》。它通常包括：工程的基本情况；勘察、设计、施工、监理单位意见；工程竣工验收报告等文件在内的竣工验收备案文件清单等
14	面积实测表
15	管线分布竣工图（水、强电、弱电、结构）
16	要求解释物业管理费用：何时起，何时止，并索取票据
17	索取房屋面积的相关资料（设计图），要求解释公摊面积的具体内容及面积大小，看与合同是否一致
18	钥匙：楼层、进户门、信箱、水表、电表箱等钥匙要齐全

收房注意事项

① 收房流程不合理

开发商总是要求业主先补齐房款（面积涨水）、缴纳公共维修基金（房屋总额的 2%）和契税（房屋总额的 1.5%）、缴纳一年的物业服务费和产权代办费等费用，然后方可以办理入住手续、领取房屋钥匙和相关资料，才能验收房屋，如果房屋有问题再交物业慢慢维修。

事实上，在业主支付了全部房款的前提下，开发商应无条件向业主交付符合合同约定的房屋，否则应视为开发商违约，如果开发商拒不交房，应承担逾期交房的责任。

② 收房不应以缴纳各项不应缴纳的费用为前提

收房以缴纳各项不应缴纳的费用（公共维修基金和契税、产权代办费等费用）为前提，开发商单方为业主收房设置了义务。而依据法律规定，契税、公共维修基金业主必须在办理产权证书时向税务部门和小区办缴纳，至于产权代办费，业主完全有权选择自行办理产权证，开发商无权强行向业主收取该笔费用。

③ 收房时必须仔细查看的文件

序 号	概 述
1	房产开发商必须已经取得《建筑工程竣工备案表》。这是国家强制要求的
2	"两书"——《住宅质量保证书》和《住宅使用说明书》。这是城乡与住宅建设部《商品房销售管理办法》中要求的，交房时开发商都应提供
3	开发商已取得国家认可的专业测绘单位对面积的实测数据。看是否与购房合同中约定的面积有出入，如有问题尽早解决

装修达人的课堂提示

警惕收房时被开发商糊弄

验收房子是买房过程中最重要的一步，所以在头脑中要有一定的法律意识。不能被开发商糊弄而草草签字。以下是应该特别关注的五大收房陷阱。

 收房时限

开发商约定的收房时限一般为收房通知书寄出 30 天内。按照有关规定，如果业主在约定时间内没有到指定地点办理相关手续，则一般视为开发商已将该房交付业主使用，业主应从通知单的最后期限之日起承担所有购房风险责任及税费。收房通知书一般以挂号信方式寄出。

应对： 业主在购房时切记要写清楚邮寄地址（一定要容易接收并能保障亲自签收的地点），如合同约定的收房期恰遇上业主外出不在家，可通过电话或亲友咨询开发商相应的处理办法。如特殊情况不能如期到场的，可以书面形式委托亲友、律师帮忙，也可及时与开发商联系，商议另行约定时间，并以书面形式确认。

 证件不齐要交房

"三书一证一表"（即《住宅使用说明书》《住宅质量保证书》《建筑工程质量认定书》、《房地产开发建设项目竣工综合验收合格证》《竣工验收备案表》）不齐全，特别是没有《建筑工程质量认定书》与《房地产开发建设项目竣工综合验收合格证》，是不符合交房条件的。

应对： 遇到这种情况，业主可选择不收房，如果确实被要求收，也要在相关文件，如《住户验房交接表》《验房记录表》等相关文件中写明"未见《××××表》"等字样并妥善保留好相关文件副本。

陷阱 3 先签文件后验房

先验房后交费、签文件的收房程序是较合理的，但开发商大多数采取先交钱填表、签文件，再验房的流程，目的是让业主先签了收房认可书，等发现房屋质量问题时业主后悔已经来不及了。

应对：针对这种陷阱，业主在签订购房合同时就应该将先验房再收房作为附加条款写在合同里，不验房就不收房。当初合同未有约定，开发商要求一定要先签文件，则可采取变通方法，在每份文件中注明"房内情况未看"、"屋内情况未明"或"未验房"等文字，验房时如出现什么情况，也可灵活处理。

陷阱 4 灰尘满积

清洁明净一般较让人喜欢，因此大多数开发商交房时都会提前将屋内打扫干净，以博取印象分。但也有开发商例外，有意或无意地在地板、窗台等地方留下一层尘土。可别小看这层尘土，往往裂缝、漏水渍、砖面不齐等问题就全在这层尘土底下了。因为这层尘土，业主可能忽略了好多质量问题。

应对：扫去尘土，往地面冲水，一方面冲去赃物，看清地板质量，另一方面也可检查地板的平整状态及排水情况。

陷阱 5 大事化小

无论在验房时发现了什么问题，陪同验房的人员第一句话总会说："这没什么，小问题，我到时候让工人整一整就可以了。"还直拍胸口让业主放心，无需写进验收文件里。其实这又是开发商的一个陷阱，将房屋的一些毛病如墙地砖破裂、漏水，甚至是房屋结构性等问题故意说得无足轻重，让外行的业主麻痹大意，又以"私人感情"动之以情，目的就是不将缺陷写进验收文件里。

应对：不管陪同人员如何口舌如簧，如何信誓旦旦，如何套交情，业主都要坚持原则，只要发现问题，不管大小，都要在相关文件或表格中记录下来，如楼盘没准备《验收记录表》，则要自备纸笔，将有关问题一一记录，并写清自己的意见，再与开发商交涉。

第二章

装修风格自己做主

不掉入各类美图的陷阱

选择适合自己的家居风格

　　装修风格有很多种。从建筑风格衍生出多种室内设计风格，根据设计师和业主审美和爱好的不同，又有各种不同的幻化体。装修风格的确立让设计师更容易把握设计的立足点，让业主朋友更容易表达出对装修效果的需求。

　　时下，家装人群越来越广，人们对美的追求也远远不局限于原始的几个模式，更多的装修风格开始融入家居装饰中。装修从风格上可分为：现代风格、简约风格、中式古典风格、新中式风格、欧式古典风格、新欧式风格、美式乡村风格、欧式田园风格、地中海风格等。这么多的装修风格哪种最适合自己呢？以下问卷可以帮你梳理自己对设计风格的喜好。

 请按实际情况在口 内打 √，最后作为选择设计风格的参考。

1. 现代风格

□喜欢简洁明快的风格

□喜欢黑白、黄色、红色等对比强烈的色彩

□喜欢充满科技感的东西

□喜欢大理石、不锈钢、镜面玻璃等材质

□空间强调个性与时尚感

□对家具喜好偏向现代风格

□不喜欢复杂的木工

□喜欢充满造型感的几何结构

□平时工作忙碌，很少有时间打扫卫生

□喜欢无厘头的现代抽象画

2. 简约风格

□不想花太多预算在整体装修上

□喜欢干净、通透的风格

□喜欢白色、白色＋黑色，或者浅茶色、棕色等中间色调

□喜欢黑白装饰画

□对直线、大面积色块、几何图案感兴趣

□对家具的喜好偏向低矮、直线条或是带有收纳功能

□居家面积小于 80 平方米

3. 中式古典风格

□喜欢明清的古典文化，例如故宫、颐和园等设计风格

□喜欢古色古香、富有文化气息的氛围

□在布局上倾向严格的中轴对称原则

□喜欢明清家具，如圈椅、博古架、隔扇等

□对中国红、黄色系、棕色系的颜色情有独钟

□爱好收藏青花瓷、字画、文房四宝

□追求一种修身养性的生活境界，爱好花鸟鱼虫等装饰

□装修预算充足

□居家面积大于 100 平方米

4. 新中式风格

□喜欢中式韵味，但又想空间符合现代人的生活特点

□喜欢线条简单的中式家具

□喜欢木质材料搭配现代石材

□感觉传统中式风格过于沉闷，喜欢温馨大气的氛围

□喜欢中式镂空雕花、仿古灯

□对梅兰竹菊、荷花等图案情有独钟

5. 欧式古典风格

☐ 喜欢明黄、金色等颜色渲染出的富丽堂皇的氛围

☐ 钟爱旅游，特别是欧洲

☐ 喜欢奢华的水晶灯、罗马帘、壁炉等古典风格家装

☐ 喜欢各种西洋画

☐ 对欧式拱门和精美雕花的罗马柱情有独钟

☐ 装修预算充足

☐ 居家面积大于 130 平方米

☐ 没有居家打扫的顾虑

6. 新欧式风格

☐ 喜欢传统欧式家居的奢华但又感觉过于复杂

☐ 喜欢白色 + 金色搭配出的高雅和谐的氛围

☐ 喜欢欧式花纹、装饰线

☐ 对于各种白色描金的器具非常喜欢

☐ 不喜欢板式家具，喜欢有波状线条和富有层次感的家具

7. 美式乡村风格

☐ 热爱原木材质空间

☐ 可以接受粗犷的材质（如硅藻泥墙面、复古砖）

☐ 喜欢浓郁的色彩（如棕色系、暗红色系、绿色系）

☐ 对铁艺灯、彩绘玻璃灯、金属风扇情有独钟

☐ 能接受各种仿古、做旧的痕迹

☐ 特别喜欢乡村风格家具

☐ 喜欢在室内摆放饰品与盆栽

☐ 居家面积大于 80 平方米

8. 欧式田园风格

☐喜欢清新淡雅的田园风格

☐追求一种舒适接近大自然的感觉

☐喜欢碎花、格子的图案

☐对于各种纯天然的色彩情有独钟（如红色、绿色、黄色等）

☐买衣服喜欢各种蕾丝的花边

☐喜欢在室内摆放盘状挂饰与盆栽

9. 地中海风格

☐喜欢海洋的清新、自然浪漫的氛围

☐不排斥蓝色、白色、绿色等冷色调

☐对各种拱形门、拱形窗情有独钟

☐喜欢铁艺雕花

☐喜欢各种造型的饰品（如船形、贝壳、海星）

☐喜欢马赛克雕花

10. 东南亚风格

☐向往较浓烈的异域风情

☐喜欢木材、藤、竹等天然、质朴的材质

☐能接受很艳丽的色彩如橙色、明黄、果绿

☐喜欢富有禅意的饰品如佛手、佛像

☐对各种木雕情有独钟

追求时尚的现代风格

现代风格设计追求的是空间的实用性和灵活性。居室空间是根据相互间的功能关系组合而成的，而且功能空间相互渗透，空间的利用率达到最高。空间组织不再是以房间组合为主，空间的划分也不再局限于硬质墙体，而是更注重会客、餐饮、学习、睡眠等功能空间的逻辑关系。通过家具、吊顶、地面材料、陈列品，甚至光线的变化，来表达不同功能空间的划分，而且这种划分又随着不同的时间段表现出灵活性、兼容性和流动性。

玻璃与不锈钢的结合令空间更具现代时尚气息。

 设计要点

①提倡突破传统，创造革新，重视功能和空间组织；造型简洁，反对多余装饰。

②常用建材：复合地板、不锈钢、文化石、大理石、木饰墙面、玻璃、条纹壁纸、珠线帘。

③常用家具：造型茶几、躺椅、布艺沙发、线条简练的板式家具。

④常用配色：红色系、黄色系、黑色系、白色系、对比色。

⑤常用装饰：抽象艺术画、无框画、金属灯罩、时尚灯具、玻璃制品、金属工艺品、马赛克拼花背景墙、隐藏式厨房电器。

⑥常用形状图案：几何结构、直线、点线面组合、方形、弧形。

1 现代风格家具线条简练，组合方式多样

现代风格追求时尚简洁的特性，使板式家具成为此风格的最佳搭配伙伴。板式家具要求线条简练没有多余的装饰，强调降低视觉的干扰程度，包括柜子与门把手设计尽量简化。同时组合方式反对中规中矩，追求时尚多变。例如金属与玻璃为主要材质的组合柜，既可当沙发背景，也可以装饰电视背景墙，甚至可以成为书房的书架和更衣间的层架。高低组合茶几，则可以根据主人的爱好选择多种组合方式，百般变化。

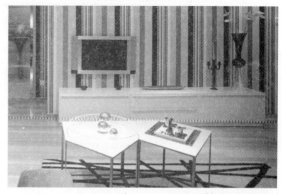

一字型的白色电视柜搭配隐形拉手使整个空间更加简洁明快，具有现代气息。

2 几何造型为主的空间线条令现代风格更加灵动

现代风格线条多以简洁的几何图形为主，摒弃复杂多变的线条感，圆形、弧形等可以令现代风格的空间充满造型感。而几何图形本身具有图形感，能够体现出现代风格的创新理念。例如客厅吊顶可以选择弧形设计，打破原有空间的方正，使家居环境更具流动性。

3 现代风格选材更为广泛

首先，在选材上不再局限于石材、木材、面砖等天然材料，而是将选择范围扩大到金属、玻璃、塑料以及合成材料。大量使用钢化玻璃、不锈钢等新型材料作为辅材，也是现代风格家具的常见装饰手法。例如客厅的茶几和电视柜可以选择不锈钢材质搭配钢化玻璃台面，能给人带来前卫、不受拘束的感觉。

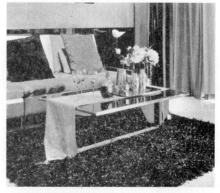

不锈钢材质的茶几，为客厅带来金属感的现代气息。

④ 现代风格家居配色追求时尚个性

现代风格家居可以采用黑白灰展现出居室的明快与雅致，这种无彩色系最能体现当代年轻人对于个性的追求。如果觉得居家生活过于冷调则可以用红色、橙色、绿色等的配饰作为跳色，点亮空间。还可以使用强烈的对比色彩，创造出特立独行的个人风格。墙面可以采用不同颜色的涂料与家具形成强烈的对比，打破空间原有的单调。

 设计建议

现代风格色彩可以根据需要调换两种对比色，就可以改变房间的色彩风格。比如，本来家中主要是以白、黑对比色调为主。到了夏天，可以将黑色调的家饰换成冷色的浅蓝、浅灰等色彩，这样家中就会显得比较清凉。

重点搭配为现代风格加分

分 类		内 容
现代抽象画		现代抽象画在很多人的印象中是难懂的、无厘头的，没有具象的。但恰恰是它的这种无厘头的现代风格，让我们的家庭装饰达到了意想不到的效果
金属灯罩		靓丽的烤漆金属灯罩吊灯，不仅造型和色彩可以灵活搭配，简洁大气的造型更是可以起到百搭的作用，非常适合现代风格客厅选用
玻璃屏风		雾面朦胧的玻璃与绘图图案的随意组合最能体现现代家居的空间变化，使空间更加灵动
马赛克		带有金属拉丝或冰裂纹效果的马赛克铺贴在墙面之后，借助光影表现出来的整体装饰效果堪称惊艳，更能突出年轻人对于现代风格前卫不受拘束的要求

简洁明快的简约风格

简约风格主要是在建筑上提倡简约，将设计的元素、色彩、照明、原材料简化到最少的程度，但对色彩、材料的质感要求很高。同时强调空间的功能性，反对多余装饰。简约风格以简洁的视觉效果营造出时尚前卫的感觉，满足人们对生活品位和身体

整个空间呈现出干净利落的线条，让视觉不受阻碍地在空间中延伸。

健康的需求，体现出合理节约的科学消费观，反映出当代社会摆脱繁琐、复杂、追求简单和自然的心理。

设计要点

① "轻装修、重装饰"是简约风格设计的精髓；而对比是简约装修中惯用的设计方式。

②常用建材：纯色涂料、纯色壁纸、条纹壁纸、抛光砖、通体砖、镜面、烤漆玻璃、石材、石膏板造型。

③常用家具：低矮家具、直线条家具、多功能家具、带有收纳功能的家具。

④常用配色：白色、白色＋黑色、木色＋白色、白色＋米色、白色＋灰色、白色＋黑色＋红色、白色＋黑色＋灰色、米色、中间色、单一色调。

⑤常用装饰：纯色地毯、黑白装饰画、金属果盘、吸顶灯、灯槽。

⑥常用形状图案：直线、直角、大面积色块、几何图案。

1 多功能家具为简约风格家居提供生活便利

现在家居的简约不只是说硬装修，还反映在家居搭配上的简约。比如不大的屋子，家具

以不占面积、折叠、多功能等为主。其中多功能家具是一种在具备传统家具初始功能的基础上，实现其他新设功能的家具类产品，是对家具的再设计。例如，在简约风格的居室中，选择可以用作床的沙发、具有收纳功能的岛台、榻榻米等，这些家具不仅可以节省空间，同时也为生活提供了便利。

茶几不但具有装饰功能，同时兼具收纳功能。

2 纯色涂料打造出简约风格家居的通透

涂料具有防腐、防水、防油、耐化学品、耐光、耐温等功用，非常符合简约家居追求实用性的特点。用纯色涂料来装点简约风格的家居，不仅能将空间塑造得十分干净、通透，还方便打理。例如卧室墙面可以直接用暖色系的涂料装点，再挂上几幅自己喜欢的挂画，一个温馨舒适的简约风格卧室就完成了。

暖黄色涂料打造出客厅的干净雅致。

设计建议

简约风格的居室色彩设计宜突显出舒适感和惬意感。这里的舒适指的是视觉上的统一，没有突兀的、不融合的部分。在进行电视背景墙的色彩设计时不要脱离整体，例如，可以将电视背景墙的主色调定为空间的主色调，与墙面本身的色彩及软装饰的色彩协调即可。

3 软装到位是简约风格家居装饰的关键

由于简约家居风格的线条简单、装饰元素少，因此软装到位是简约风格家居装饰的关键。配饰选择应尽量简约，没有必要为显得"阔绰"而放置一些较大体积的物品，应尽量以实用方便为主；此外简约风格的家具一般总体颜色比较浅，所以饰品就应该是起点缀作用。可以选用比较出挑一点的，一些造型简单别致充满个性和美感的陈列品。瓷器和金属的工艺品就比较合适，花艺相架也不错。

设计建议

质地柔软的地毯常常被用于各种风格的家居装饰中，而简约风格的家居因其追求简洁的特性，所以在地毯的选择上，最好选择纯色地毯，这样就不用担心过于花哨的图案和色彩与整体风格产生冲突。而且对于每天都要看到的软装来说，纯色的地毯也更加耐看。

重点搭配为简约风格加分

分类		内容
条纹壁纸		简约风格追求简洁的线条，因此素色的条纹壁纸是其装饰材料的绝佳选择，其中横条纹壁纸有扩展空间的作用；而竖条纹壁纸则可以令层高较低的空间显得高挑，避免压抑感
大面积色块		简约风格划分空间的途径不一定局限于硬质墙体，还可以通过大面积的色块来进行划分，这样的划分具有很好的兼容性、流动性及灵活性；另外大面积的色块也可以用于墙面、软装等地方
墙饰		简约风格墙面多以浅色单色为主，易显得单调而缺乏生气，也因此具有最大的可装饰空间，墙饰的选用成为必然。照片墙、装饰画和墙面工艺模型是最普遍和受欢迎的

古色古香的中式古典风格

中式古典风格是以宫廷建筑为代表的中国古典建筑的室内装饰设计艺术风格。布局设计严格遵循均衡对称原则，家具的选用与摆放是其中最主要的内容。传统家具多选用名贵硬木精制而成，一般分为明式家具和清式家具两大类。中式风格的墙面装饰可简可繁，华丽的木雕制品及书法绘画作品均能展现传统文化的人文内涵，是墙饰的首选；通常使用对称的隔扇或月亮门状的透雕隔断分隔功用空间。

华丽的雕花使家具看起来更加精致。

设计要点

①布局设计严格遵循均衡对称原则，家具的选用与摆放是中式古典风格最主要的内容。

②常用建材：木材、文化石、青砖、字画壁纸。

③常用家具：明清家具、圈椅、案类家具、坐墩、博古架、隔扇、中式架子床。

④常用配色：中国红、黄色系、棕色系、蓝色＋黑色。

⑤常用装饰：宫灯、青花瓷、中式屏风、中国结、文房四宝、书法装饰、木雕花壁挂、菩萨、佛像、挂落、雀替。

⑥常用形状图案：垭口、藻井吊顶、窗棂、镂空类造型、回字纹、冰裂纹、福禄寿字样、牡丹图案、龙凤图案、祥兽图案。

1 "对称原则"令中式古典风格的居室更具东方美学特征

东方美学讲究"对称"，对称能够减少视觉上的冲击力，给人们一种协调、舒适的视觉感受。在中式古典风格的居室中，把融入中式元素具有对称的图案用来装饰，再把相同的家具、饰品以对称的方式摆放，就能营

对称摆放的家具符合中式古典风格居室的美学诉求。

造出纯正的东方情调，更能为空间带来历史价值感和墨香的文化气质。

设计建议

在中式古典风格的家居中，木材的使用比例非常高，而且多为重色木材，如黑胡桃木、柚木、沙比利等。为了避免沉闷感，其他部分应适合搭配浅色系，如米色、白色、浅黄色等，以减轻木质的沉闷感，从而使人觉得轻快一些。

2 中国红与帝王黄令中式古典家居更具传统美

红色对于中国人来说象征着吉祥、喜庆，传达着美好的寓意。在中式古典风格的家居中，这种鲜艳的颜色，被广泛用于室内色彩之中，代表着业主对美好生活的期许。而黄色系在古代作为皇家的象征，如今也广泛地用于中式古典风格的家居中；并且黄色有着金色的光芒，象征着财富和权力，是骄傲的色彩。

③ 中式古典风格的室内陈设讲求修身养性的生活境界

中式古典风格的传统室内陈设追求的是一种装饰细节上崇尚自然情趣，花鸟、鱼虫等精雕细琢，富于变化，充分体现出中国传统美学精神。配饰擅用字画、古玩、卷轴、盆景、精致的工艺品加以点缀，更显业主的品位与尊贵。

花鸟装饰画与青花台灯将中式古典风格的居室点缀得格调十足。

④ 中式古典风格家具独具历史韵味

明清家具

明清家具同中国古代其他艺术品一样，不仅具有深厚的历史文化艺术底蕴，而且具有典雅、实用的功能，可以说在中式古典风格中，明清家具是一定要出现的元素。

圈椅

圈椅由交椅发展而来，最明显的特征是圈背连着扶手，从高到低一顺而下，坐靠时可使人的臂膀都倚着圈形的扶手，感觉十分舒适，是中国独具特色的椅子样式之一。

案类家具

案类家具形式多种多样，造型比较古朴方正。由于案类家具被赋予了一种高洁、典雅的意蕴，因此摆设于室内成为一种雅趣，是一种非常重要的传统家具，更是鲜活的点睛之笔。

榻

榻是中国古时家具的一种，狭长而较矮，比较轻便，也有稍大而宽的卧榻，可坐可卧，是古时常见的木质家具。材质多种，普通硬木扣紫檀、黄花梨等名贵木料皆可制作。

中式架子床

中式架子床为汉族卧具，为床身上架置四柱或四杆的床，式样颇多、结构精巧、装饰华美。装饰多以历史故事、民间传说、花鸟山水等为题材，含和谐、平安、吉祥、多福、多子等寓意。

⑤ 中式古典风格常用窗棂、镂空类的形状图案

窗棂

窗棂是中国传统木构建筑的框架结构设计，往往雕刻有线槽和各种花纹，构成种类繁多的优美图案。透过窗子，可以看到外面的不同景观，好似镶在框中挂在墙上的一幅画。

镂空类造型

镂空类造型如窗棂、花格等可谓是中式的灵魂，常用的有回字纹、冰裂纹等。

沉稳大气的新中式风格

新中式风格是作为传统中式家居风格的现代生活理念，通过提取传统家居的精华元素和生活符号进行合理的搭配、布局，在整体的家居设计中既有中式家居的传统韵味，又更多地符合了现代人居住的生活特点。"新中式"风格不是纯粹的元素堆砌，而是通过对传统文化的认识，将现代元素和传统元素结合在一起，以现代人的审美需求来打造富有传统韵味的事物，让传统艺术的脉络传承下去。

深色的木纹家具搭配米灰色的布艺沙发，使整个空间显得温馨而古朴。

①在新中式风格的居室中，既有方与圆的对比；同时简洁硬朗的直线条也被广泛地运用，不仅反映出现代人追求简单生活的居住要求，更迎合了新中式家居追求内敛、质朴的设计风格。

②常用建材：木材、竹木、青砖、石材、中式风格壁纸。

③常用家具：圈椅、无雕花架子床、简约化博古架、线条简练的中式家具、现代家具＋清式家具。

④常用配色：白色、白色＋黑色＋灰色、黑色＋灰色，吊顶颜色浅于地面与墙面。

⑤常用装饰：仿古灯、青花瓷、茶案、古典乐器、菩萨、佛像、花鸟图、水墨山水画、中式书法。

⑥常用形状图案：中式镂空雕刻、中式雕花吊顶、直线条、荷花图案、梅兰竹菊、龙凤图案、骏马图案。

1 新中式风格的主材常取材于自然

新中式风格的主材往往取材于自然，如用来代替木材的装饰面板、石材等，尤其是装饰面板，最能够表现出浑厚的韵味。但也不必拘泥于此，只要熟知材料的特点，就能够在适当的地方用适当的材料，即使是玻璃、金属等，一样可以展现新中式风格。

石材的运用令新中式风格的家居更显大气。

设计提示

新中式风格与中式古典风格不同，因其结合式的特点，在中式古典风格中很少应用到的石材却可以应用在此。新中式家居中的石材选择没有什么限制，各种花色均可以使用，浅色温馨大气一些，深色则古典韵味浓郁。

2 色彩自然和谐的搭配是新中式讲究的要点

新中式讲究的是色彩自然和谐的搭配，因此在对居室进行设计时，需要对空间色彩进行通盘考虑。经典的配色是以黑、白、灰色、棕色为基调；在这些主色的基础上可以用皇家住宅的红、黄、蓝、绿等作为局部色彩。

设计建议

由于新中式风格较为注重色彩上的和谐，因此像吊顶、地面与墙面的色彩运用，也成为不可忽视的因素。整个房间的颜色应该下深上浅，这样才不会给人头重脚轻和压抑的感觉。

③ "梅兰竹菊"图案令新中式家居更具韵味

　　"梅兰竹菊"用于新中式的居室内是一种隐喻，借用植物的某些生态特征，赞颂人类崇高的情操和品行。竹有"节"，寓意人应有"气节"，梅、松耐寒，寓意人应不畏艰难、不怕困难。这些元素用于新中式的家居中将中式古典的思想作为延续与传承。

④ 新中式风格家具线条相对简练

　　新中式的家居风格中，庄重繁复的明清家具的使用率减少，取而代之的是线条简单的中式家具，体现了新中式风格既遵循着传统美感，又加入了现代生活简洁的理念。

重点搭配为简约风格加分		
分 类		内 容
仿古灯		中式仿古灯与精雕细琢的中式古典灯具相比，更强调古典和传统文化神韵的再现，图案多为清明上河图、如意图、龙凤图、京剧脸谱等中式元素，其装饰多以镂空或雕刻的木材为主，宁静而古朴
青花瓷		青花瓷是中国瓷器的主流品种之一，在明代时期就已成为瓷器的主流。在中式风格的家居中，摆上几件青花瓷装饰品，可以令家居环境的韵味十足，也将中国文化的精髓满溢于整个居室空间
茶案		在中国古代的史料中，就有茶的记载，而饮茶也成为中国人喜爱的一种生活方式。在新中式家居中摆放上一个茶案，可以传递雅致的生活态度
花鸟图		花鸟图不仅可以将中式的感觉展现得淋漓尽致，也因其丰富的色彩，而令新中式家居空间变得异常美丽

雍容华贵的欧式古典风格

欧洲古典风格在经历了古希腊、古罗马的洗礼之后，形成了以柱式、山花、雕塑为主要构件的装饰风格。空间上追求连续性，追求形体的变化和层次感。室内外色彩鲜艳，光

高贵华丽的金色作为主色，搭配黑色做副色，使空间更显大气奢华。

影变化丰富；室内多用带有图案的壁纸、地毯、窗帘、床罩、帐幔以及古典式装饰画或物件；为体现华丽的风格，家具、门、窗多漆成白色，家具、画框的线条部位饰以金线、金边。

设计要点

①欧洲古典风格空间追求连续性，以及形体的变化和层次感，具有很强的文化韵味和历史内涵。

②常用建材：石材拼花、仿古砖、镜面、护墙板、欧式花纹壁布、软包、天鹅绒。

③常用家具：色彩鲜艳的沙发、兽腿家具、贵妃沙发床、欧式四柱床、床尾凳。

④常用配色：白色系、黄色 / 金色、红色、棕色系、青蓝色系。

⑤常用装饰：大型灯池、水晶吊灯、欧式地毯、罗马帘、壁炉、西洋画、装饰柱、雕像、西洋钟、欧式红酒架。

⑥常用形状图案：藻井式吊顶、拱顶、花纹石膏线、欧式门套、拱门。

1 建材选择与欧式古典风格的整体构成相吻合

在欧式古典风格的家居中，地面材料以石材或者地板为主。在材料选用上，以高档红胡桃木饰面板、欧式风格壁纸、仿古砖、石膏装饰线等为主。墙面饰面板、古典欧式壁纸等硬装设计与家具在色彩、质感及品味上，需要完美地融合在一起。

高档红胡桃木饰面板与欧式风格壁画的搭配，令卧室呈现出浓郁的欧式古典风情。

2 利用黄色系表现出古典欧式风格的华贵气质

在色彩上，欧式古典风格经常运用明黄、金色等古典常用色来渲染空间氛围，可以营造出富丽堂皇的效果，表现出古典欧式风格的华贵气质。

3 欧式古典风格应具有造型感

欧式古典风格对造型的要求较高。例如，门的造型设计，包括房间的门和各种柜门，既要突出凹凸感，又要有优美的弧线，两种造型相映成趣、风情万种。柱的设计也很有讲究，可以设计成典型的罗马柱造型，使整体空间具有更强烈的西方传统审美气息。

 设计建议

欧式门套作为门套风格的一种，是欧式古典风格的家居中经常用到的元素。因为欧式古典风格本身就是奢华与大气的代表，只有精工细作的欧式门套才能彰显出这份气质。

重点搭配为欧式古典风格加分

分　类		内　容
水晶吊灯		水晶吊灯给人以奢华、高贵的感觉，很好地传承了西方文化的底蕴
罗马帘		罗马帘是窗帘装饰中的一种，种类很多，其中欧式古典罗马帘自中间向左右分出两条大的波浪形线条，是一种富于浪漫色彩的款式，其装饰效果非常华丽，可以为家居增添一份高雅古朴之美
壁炉		壁炉是西方文化的典型载体，选择欧式古典风格的家装时，可以设计一个真的壁炉，也可以设计一个壁炉造型，辅以灯光，以营造出极具西方情调的生活空间
西洋画		在欧式古典风格的家居空间里，可以选择用西洋画来装饰空间，以营造浓郁的艺术氛围，表现业主的文化涵养
雕塑		欧洲雕像有很多著名的作品，在某种程度上，可以说欧洲雕像承载了一部西方的雕塑史。因此，一些仿制的雕像作品也被广泛地运用于欧式古典风格的家居中，体现出一种文化与传承
石材拼花		石材拼花在欧式古典家居中被广泛应用于地面、墙面、台面等装饰，以其石材的天然美（颜色、纹理，材质）加上人们的艺术构想而"拼"出一幅幅精美的图案

设计提示

欧式古典风格作为欧洲文艺复兴时期的产物，继承了巴洛克风格中豪华的视觉效果。在材料选择、施工、配饰方面上的投入比较高，多为同一档次其他风格的多倍，而且造型复杂需要大的空间才能展现其效果，所以欧式古典风格更适合在较大别墅、宅院中运用，而不适合较小户型。

清新唯美的新欧式风格

新欧式风格在保持现代气息的基础上，变换各种形态，选择适宜的材料，再配以适宜的颜色，极力让厚重的欧式家居体现一种别样奢华的"简约效果"。在新欧式风格中不再追求表面的奢华和美感，而是更多地解决人们生活的实际问题。

在色彩上多选用浅色调，以区别于古典欧式因浓郁的色彩而带来的庄重感；而线条简化的复古家具也是用以区分古典欧式风格的最佳元素。

白色的主色调中加入带有深色木纹的复古家具，令客厅温馨而浪漫。

设计要点

①新欧式风格不再追求表面的奢华和美感，而是更多去解决人们生活的实际问题，极力让厚重的欧式家居体现一种别样奢华的"简约风格"。

②常用建材：石膏板工艺、镜面玻璃顶面、花纹壁纸、护墙板、软包墙面、黄色系石材、拼花大理石、木地板。

③常用家具：线条简化的复古家具、曲线家具、真皮沙发、皮革餐椅。

④常用配色：白色 / 象牙白、金色 / 黄色、白色＋暗红色、灰绿色＋深木色、白色＋黑色。

⑤常用装饰：铁艺枝灯、欧风茶具、抽象图案 / 几何图案地毯、罗马柱壁炉外框、欧式花器、线条繁琐且厚重的画框、雕塑、天鹅陶艺品、欧风工艺品。

⑥常用形状图案：波状线条、欧式花纹、装饰线、雕花。

1 新欧式风格的家具线条简化更具现代气息

新欧式风格是经过改良的古典主义风格，高雅而和谐是其代名词。在家具的选择上既保留了传统材质和色彩的大致风格，又摒弃了过于复杂的肌理和装饰，简化了线条。因此新欧式风格从简单到繁杂、从整体到局部，精雕细琢，镶花刻金都给人一丝不苟的印象。

无论是茶几还是沙发都摒弃了欧式古典风格的繁复，简洁大方的造型更符合现代生活的追求。

2 新欧式风格的配色以淡雅为主

新欧式风格不同于古典欧式风格喜欢用厚重、华丽的色彩，而是常常选用白色或象牙白做底色，再糅合一些淡雅的色调，力求呈现出一种开放、宽容的非凡气度。

3 新欧式风格形状与图案以轻盈优美为主

新欧式风格的家居精炼、简朴、雅致，无论是家具还是工艺品都做工讲究，装饰文雅，曲线少，平直表面多，显得更加轻盈优美；在这种风格的家居中的装饰图案一般为玫瑰、水果、叶形、火炬等。

设计建议

新欧式茶具不同于中式茶具的素雅、质朴，而呈现出华丽、圆润的体态，用于新欧式风格的家居中可以提升空间的美感。

温暖舒适的美式乡村风格

美式乡村风格在室内环境中力求表现悠闲、舒畅、自然的乡村生活情趣，也常运用天然木、石等材质质朴的纹理。美式乡村注重家庭成员间的相互交流，注重私密空间与开放空

浅色木纹的电视柜造型古朴，与美式乡村风格和谐搭配。

间的相互区分，重视家具和日常用品的实用和坚固。美式乡村风格是摒弃了繁琐和豪华，并将不同风格中优秀元素汇集融合，以舒适为向导，强调"回归自然"。家具颜色多仿旧漆，式样厚重；设计中多有地中海样式的拱门。

设计要点

①美式乡村风格摒弃繁琐和豪华，以舒适为向导，强调"回归自然"。

②常用建材：自然裁切的石材、砖、硅藻泥、花纹壁纸、实木、棉麻布艺、仿古地砖、釉面砖。

③常用家具：粗犷的木家具、皮沙发、摇椅、四柱床。

④常用配色：棕色系、褐色系、米黄色、暗红色、绿色。

⑤常用装饰：铁艺灯、彩绘玻璃灯、金属风扇、自然风光的油画、大朵花卉图案地毯、壁炉、金属工艺品、仿古装饰品、野花插花、绿叶盆栽。

⑥常用形状图案：鹰形图案、人字形吊顶、藻井式吊顶、浅浮雕、圆润的线条（拱门）。

1 美式乡村风格的木家具原始粗犷

带有原始木纹的柜子放上几盆茂盛的绿植，一切都是那么的亲切自然。

美式乡村风格的家具主要以殖民时期的为代表，体积庞大，质地厚重，坐垫也加大，彻底将以前欧洲皇室贵族的极品家具平民化，气派而且实用。主要使用可就地取材的松木、枫木，不用雕饰，仍保有木材原始的纹理和质感，还刻意添上仿古的瘢痕和虫蛀的痕迹，创造出一种古朴的质感，展现原始粗犷的美式风格。

 设计建议

美式乡村风格家具的一个重要特点是其实用性比较强，比如有专门用于缝纫的桌子，可以加长，或拆成几张小桌子的大餐台。另外美式家具非常重视装饰，风铃草、麦束、瓮形等图案都是很好的装饰。

2 美式乡村风格所用材质古朴自然

自然裁切的石材

美式乡村风格摒弃了繁琐与奢华，兼具古典主义的优美造型与新古典主义的功能配备，既简洁明快，又便于打理。天然石材彰显出乡村风格材料的选择要点；而其自然裁切的特点又能体现出该风格追求自由、原始的特征。

砖墙

美式乡村风格属于自然风格的一支，倡导"回归自然"。红色的砖墙在形式上古朴自然，与美式乡村风格追求的理念相一致，独特的造型亦可为室内增加一抹亮色。

硅藻泥墙面

硅藻泥是一种天然环保内墙装饰材料，用来替代墙纸和乳胶漆。在美式乡村风格的居室内用硅藻泥涂刷墙面，既环保又能为居室创造出古朴的氛围。

3 圆润线条和鹰形图案令美式乡村家居更具风格化

美式乡村风格的居室一般要尽量避免出现直线，经常会采用像地中海风格中常用的拱形垭口，其门、窗也都圆润可爱，这样的造型可以营造出美式乡村风格的舒适和惬意感。另外，白头鹰是美国的国鸟，代表勇猛、力量和胜利。在美式乡村风格的家居中，这一象征爱国主义的图案也被广泛地运用于装饰中，比如鹰形工艺品，或者在家具及墙面上体现这一元素。

大量圆润线条的利用，令美式乡村风格更显随性、惬意。

重点搭配为简约风格加分		
分 类		**内 容**
铁艺灯		铁艺灯的色调以暖色调为主，能散发出温馨柔和的光线，衬托出美式乡村家居的自然与拙朴
自然风光的油画		大幅自然风光的油画其色彩的明暗对比可以产生空间感，适合美式乡村家居追求阔大空间的需求
绿叶盆栽		美式乡村风格的家居配饰多样，非常重视生活的自然舒适性，突出格调清婉惬意，外观雅致休闲。其中各种繁复的绿色盆栽是美式乡村风格中非常重要的装饰运用元素，其风格是非常善于利用设置室内绿化，来创造自然、简朴、高雅的氛围

自然有氧的欧式田园风格

田园风格是一种大众装修风格，其主旨是通过装饰装修表现出田园的气息。田园风格的朴实是最受青睐的一个特点，而它之所以被称为田园风格，是因为田园风格表现的主

带有花边的床品令欧式田园风格的卧室更具甜美气息。

题为贴近自然，展现朴实生活的气息。田园风格最大的特点就是：朴实，亲切，实在。

①重视对自然的表现是欧式田园风格的主要特点，同时又强调浪漫与现代流行主义的特点。

②常用建材：天然材料、木材／板材、仿古砖、布艺墙纸、纯棉布艺、大花壁纸／碎花壁纸。

③常用家具：胡桃木家具、木质橱柜、高背床、四柱床、手绘家具、碎花布艺家具。

④常用配色：本木色、黄色系、白色系（奶白、象牙白）、白色＋绿色系、明媚的颜色。

⑤常用装饰：盘状挂饰、复古花器、复古台灯、田园台灯、木质相框、大花地毯、彩绘陶罐、花卉图案的油画、藤制收纳篮。

⑥常用形状图案：碎花、格子、条纹、雕花、花边、花草图案、金丝雀。

① 布艺沙发是欧式田园风格居室中的主角

欧式田园风格是最具有浓郁的人文风情和家居生活特征的代表之一。在家具的选择上，喜欢舒适的家具，在细节方面可以选用自然材质家具，充分体现出自然的质感。此外，色彩鲜艳的布艺沙发，也是欧式田园风格客厅中的主角。

大花图案的布艺沙发将欧式田园风情演绎得更加浓郁。

② 明媚配色令欧式田园风格更具自然风情

欧式田园风格以明媚的色彩设计方案为主要色调，鲜艳的红色、黄色、绿色、蓝色等，都可以为家居带来浓郁的自然风情；另外，欧式田园风格中，往往会用到大量的木材，因此本木色在家中曝光率很高，而这种纯天然的色彩也可以令家居环境显得自然而健康。

 设计建议

田园风格在装修时，多选用的是白色系列的家具。白色系列的家具能够与多种装修风格进行搭配，但白色系列的家具相较于田园风格的家具更适宜于宫廷风格的家居。欧式田园风格的家居在选择家具时，可采用饱和度不高的木色家具，或是偏向于人工做旧的家具，这样更能显示出欧式田园风格家居的特色，与居室中其他的物件色泽搭配起来亦较为和谐容易。

③ 碎花、格子和花边令欧式田园风格呈现出唯美特质

欧式田园风格最喜爱碎花、格子等图案，因此窗帘、布艺等都少不了这些。花花草草的配饰，华美的家饰布艺及窗帘能衬托出欧式田园独特的居室风格，而小碎花图案则也是欧式田园风格的主角。另外，花边也是欧式田园风格的常用元素，如带花边的床单，或者电视、小家电的遮盖物等。柔美的花边可以令居室氛围呈现出唯美特质。

重点搭配为田园风格加分		
分 类		**内 容**
盘状挂饰		盘子与生俱来的质朴以及不加雕琢的单纯味道，非常适合欧式田园风情的居室
田园台灯		田园台灯大多拥有碎花图案和蕾丝花边，唯美、浪漫的基调和欧式田园风格不谋而合
大花地毯		大花地毯不仅在形态上与欧式风格的基调吻合，而且材质大多为羊毛地毯，更显欧式田园风格的自然、淳朴
藤制收纳篮		藤制收纳篮取材天然，可以传递出田园风格的自然气息；而且兼具实用性与装饰性

设计建议

造型太过复杂的吊灯不适合走朴实路线的田园家居。许多造型繁复的吊灯不仅价高，而且占用空间。所以，田园家居在选择灯具的时候，最好选择造型简单一些的。如果造型简单又别致，就更好。

富有海洋气息的地中海风格

地中海风格顾名思义，泛指在地中海周围国家所具有的风格，这种风格代表的是一种特有居住环境造就的极休闲的生活方式。主要的颜色来源是白色、蓝色、黄色、绿色等，这些都是来自于大自然最纯朴的元素。地中海风格在造型方面，一般选择流畅的线条，圆弧形就是很好的选择，它可以放在我们家居空间的每一个角落，一个圆弧形的拱门，一个流线型的门窗，都是地中海风格家装中的重要元素。

蓝白相间的色彩搭配使居室极具活力。

设计要点

①地中海风格装修设计的精髓是捕捉光线，取材天然的巧妙之处。

②常用建材：原木、马赛克、仿古砖、花砖、手绘墙、白灰泥墙、细沙墙面、海洋风壁纸、铁艺栏杆、棉织品。

③常用家具：铁艺家具、木质家具、布艺沙发、船形家具、白色四柱床。

④常用配色：蓝色＋白色、蓝色、黄色、黄色＋蓝色、白色＋绿色。

⑤常用装饰：地中海拱形窗、地中海吊扇灯、壁炉、铁艺吊灯、铁艺装饰品、瓷器挂盘、格子桌布、贝壳装饰、海星装饰、船模、船锚装饰。

⑥常用形状图案：拱形、条纹、格子纹、鹅卵石图案、罗马柱式装饰线、不修边幅的线条。

1 开放、通透的设计表达出地中海风格自由的精神

地中海风格是海洋风格装修的典型代表，因富有浓郁的地中海人文风情和地域特征而得名。一般通过空间设计上连续的拱门、马蹄形窗等来体现空间的通透，用栈桥状露台和开放式房间功能分区体现开放性，通过一系列开放性和通透性的建筑

开放性的设计令地中海风格的家具更显通透、明亮。

装饰语言来表达地中海装修风格的自由精神内涵。

2 纯美色彩组合令地中海风格家居呈现出多彩容颜

地中海风格对家居的最大魅力，来自其纯美的色彩组合。西班牙蔚蓝色的海岸与白色沙滩，希腊的白色村庄梦幻般显现在碧海蓝天之下，南意大利的向日葵花田流淌在阳光下的金黄，北非特有沙漠及岩石等自然景观的红褐、土黄的浓厚色彩组合，都令地中海风格的家居呈现出多彩的容颜。

设计建议

地中海风格家具以古旧的色泽为主，一般多为土黄、棕褐色、土红色。线条简单且浑圆，非常重视对木材的运用，为了延续古老的人文色彩，家具有时会直接保留木材的原色。地中海风格家具另外一个明显的特征为家具上的擦漆做旧处理。这种处理方式除了让家具流露出古典家具才有的质感以外，还能展现出家具在地中海的碧海蓝天之下被海风吹蚀的自然印迹。

重点搭配为地中海风格加分

分 类		内 容
地中海拱形窗		地中海风格中的拱形窗在色彩上一般运用其经典的蓝白色，并且镂空的铁艺拱形窗也能很好地呈现出地中海风情
地中海吊扇灯		地中海吊扇灯是灯和吊扇的完美结合，既具灯的装饰性，又具风扇的实用性，可以将古典和现代完美体现
铁艺装饰品		无论是铁艺烛台，还是铁艺花器等，都可以成为地中海风格家居中独特的美学产物
贝壳、海星等装饰		贝壳、海星这类装饰元素在细节处为地中海风格的家居增加了活跃、灵动的气氛
船、船锚等装饰		将船、船锚这类小装饰摆放在家居中的角落，尽显新意的同时，也能将地中海风情渲染得淋漓尽致

设计建议

在地中海的家居中，装饰是必不可少的一个元素，一些装饰品最好是以自然的元素为主，比如一张实用的藤桌、藤椅，或者是放在阳台上的吊兰。还可以加入一些红瓦和窑制品，带着一种古朴的味道，不用被各种流行元素所左右。这些小小的物件经过了时光的流逝历久弥新，还带着岁月的记忆，反而有一种独特的风味。

具有异域风情的东南亚风格

东南亚风格是一种结合东南亚民族岛屿特色及精致文化品位的设计，就像个调色盘，把奢华和颓废、绚烂和低调等情绪调成一种沉醉色，让人无法自拔。

这种风格广泛地运用木材和其他的天然原材料，如藤条、竹子、石材等，局部采用一些金属色壁纸、丝绸质感的布料来进行装饰。

天然的原木色桌子与东南亚风格很搭配，令空间极具韵味。

设计要点

①东南亚风格色彩曼妙，空间富有禅意。

②常用建材：木材、石材、藤、麻绳、彩色玻璃、黄铜、金属色壁纸、绸缎绒布。

③常用家具：实木家具、木雕家具、藤艺家具、无雕花架子床。

④常用配色：原木色、褐色、橙色、紫色、绿色。

⑤常用装饰：烛台、浮雕、佛手、木雕、锡器、纱幔、大象饰品、泰丝抱枕、青石缸、花草植物。

⑥常用形状图案：树叶图案、芭蕉叶图案、莲花图案、莲叶图案、佛像图案。

1 天然材料是东南亚风格装饰首选

东南亚风格的搭配虽然风格浓烈，但千万不能过于杂乱，否则会使居室空间显得累赘。材质天然的木材、藤、竹是东南亚风格装饰的首选。其中藤制家具的大量运用，体现出东南亚风格淳朴、自然的特性。

设计建议

原木色以其拙朴、自然的姿态成为追求天然的东南亚风格的最佳配色方案之一。用浅色木家具搭配深色木硬装，或反之用深色木来组合浅色木，都可以令家居呈现出浓郁的自然风情。

2 大胆用色体现出东南亚风格的热情奔放

东南亚风格的居室一般会给人带来热情奔放的感觉，这一点主要通过室内大胆的用色来体现。除了绿色、黄色等缤纷色彩，香艳的紫色也是营造东南亚风格的必备。它的妩媚与妖艳让人沉迷，但在使用时要注意度的把握，用得过多会俗气，适合局部点缀纱缦、手工刺绣的抱枕或桌旗。

设计建议

金属色壁纸外观富丽豪华，既可用于大面积的内墙装饰，又可点缀在普通的墙面上，能不露痕迹地带出一种炫目和神秘。在东南亚风格的家居中，用金属色壁纸来装饰墙面，可以将异域的神秘气氛渲染得淋漓尽致。

紫色的纱帘质地轻盈，在橘黄色的灯光下显得十分曼妙。

③ 色彩艳丽的布艺装饰是东南亚风格家居的最佳搭档

各种各样色彩艳丽的布艺装饰是东南亚风格家居的最佳搭档。用布艺装饰适当点缀能避免家居的单调气息，令气氛活跃。在布艺色调的选用上，东南亚风情标志性的炫色系列多为深色系。同时也可以参考深色家具搭配色彩鲜艳的装饰这一原则，如大红、嫩黄、彩蓝相搭配。

④ 花草和禅意图案是东南亚风格中的常用装饰图案

东南亚风格家居中的图案往往来源于两个方面，一个是以热带风情为主的花草图案，一个是极具禅意风情的图案。其中花草图案的表现并不是大面积的，而是以区域型呈现的，比如在墙壁的中间部位或者以横条竖条的形式呈现，同时图案与色彩是非常协调的，往往是一个色系的图案；而禅意风情的图案则作为装饰品出现在家居环境中。

重点搭配为东南亚风格加分		
分　类		**内　容**
佛手		东南亚家居中用佛手点缀，可以令人享受到神秘与庄重并存的奇特感受
木雕		东南亚木雕的木材和原材料包括柚木、红木、杪椤木和藤条。大象木雕、雕像和木雕餐具都是很受欢迎的室内装饰品
锡器		东南亚锡器以马来西亚和泰国产的为多，无论造型还是雕花图案都带有强烈的东南亚文化印记
大象饰品		大象是东南亚很多国家都非常喜爱的一种动物。大象的图案为家居环境增加了生动、活泼的氛围，也赋予了家居环境美好的寓意
泰丝抱枕		艳丽的泰丝抱枕是沙发上或床上最好的装饰品，明黄、果绿、粉红、粉紫等香艳的色彩令家居环境神秘感十足

装修达人的课堂提示

警惕效果图过度美化

如今，不少家装公司见有客户上门，设计师们就会忙不迭地拿出一大堆家装设计的平面图、立体图和效果图。有的设计师还充分运用高新技术，直接在电脑上运用多媒体软件进行演示，展示"装修完毕"后的新居室的三维立体效果。而业主看过这些逼真的效果图之后，往往会感到十分心动，甚至当场拍板、付钱。但当装修完毕后却和当初看到的效果大相径庭。

解析：通常来讲，大的家装公司都有自己的设计师队伍。部分家装公司也利用设计师使用专业电脑软件反复修饰而成的理想效果图来招揽更多客户。市场上的设计效果图只能当作参考，可信度约为60%，业主不要过分迷信效果图。因为这些图纸的真实性、可操作性都有待实际施工的检验。一些设计公司为了制作出效果最佳的图纸，会采用各种各样的技术手段。此外，效果图上展现出来的灯光、色调等，大多是设计师们利用专业电脑软件反复修饰而成的，与自然条件下的实际效果常常相去甚远。

应对：业主如果担心装修完的房屋与效果图不一致，应在装修前对装修效果图纸进行双方签字确认后再施工。双方在原图纸基础上进行工程项目变更的，须先由装修设计师绘制出变更施工图，经双方签字确认后再继续施工，避免发生纠纷。

第三章

功能空间的合理规划

不掉入各类豪华设计的陷阱

客厅：会客空间

在大多数中国家庭住宅中，客厅是多用途空间，可分为休息聚谈区、视听区、娱乐区、阅读区、会客区等，有的家庭也把餐厅安置在客厅中。根据使

客厅接近居室的中心区，采用良好采光的大窗户。

用状况，客厅可表现出不同的功能，如白天为会客聚谈空间，晚上则变为视听休闲空间，其余时间还可间隙穿插就餐空间、娱乐空间等。

设计要点

①空间宽敞化。客厅的设计中，宽敞的感觉可以带来轻松的心境和欢愉的心情。

②空间最高化。客厅是家居最主要的公共活动空间，无论是否做人工吊顶，都必须确保空间的高度。

③景观最佳化。必须确保从哪个角度所看到的客厅都具有美感，也包括从主要视点（沙发处）向外看到的室外风景的最佳化。

④照明最亮化。客厅应是整个居室光线（不管是自然采光还是人工采光）最亮的地方。

⑤风格普及化。客厅风格不宜过于标新立异，需被大众接受。

⑥动线最优化。家具摆放需合理，布局应顺畅，不要出现交叉动线。

1 客厅设计要尽量达到全家人的共识

客厅是一家人居住、相处的公共空间，要赋予客厅何种功能，最好要符合一家人的需求和共识。从功能方面考虑，由家人的生活习性与交际来决定客厅的硬件设备，如对于爱看电视的家庭可加强电视柜的设计，对于爱听音乐的家庭则要讲究音响品质。

设计提示

在客厅装修中，必须确保所采用的装修材质，尤其是地面材质能适用于绝大部分或者全部家庭成员。例如在客厅铺设太光滑的砖材，可能就会对老人或小孩造成伤害或妨碍他们的行动。

2 客厅的三大功能分区

会客区

会客区一般以组合沙发为主。组合沙发轻便、灵活、体积小、扶手少、能围成圈，又可充分利用墙角空间。会客时无论是正面还是侧面相互交谈，都有一种亲切、自然的感觉。

视听区

电视与音乐已经成为人们生活的重要组成部分，因此视听空间成为客厅的一个重点。现代化的电视和音响系统提供了多种式样和色彩，使得视听空间可以随意组合并与周围环境成为整体。

学习区

学习区也叫休闲区，应比较安静，可处于客厅某一隅，区域不必太大，营造舒适感很重要，并应与周围环境成为整体。

③ 客厅的面积宜大不宜小

由于客厅是全家人活动的公共空间，因此宜大不宜小。如果客厅面积不够大，不妨与餐厅或其他弹性空间做开放式结合，在整体上营造出一个大面积的家居空间，为家人创造出更多的活动空间。

规划建议

客厅是招待客人的场所，在动线上，应位于玄关后的第一个空间，绝不宜放在角落。而沙发区又是客厅最重要的活动中心，从任何空间走到沙发区都要轻松自在，不应有过度交叉拐弯的情况。

不同类型客厅的设计要点	
分 类	**内 容**
1	**大客厅：** 注意空间的合理分隔。一般可以分为"硬性分区"和"软性分区"两种。硬性分区指通过隔断等设置，使每个功能性空间相对封闭，并使会客区、视听区等从大空间中独立出来，但这种划分会减少客厅的使用面积。软性划分是目前大客厅比较常见的空间划分方法，常用材料之间、家具之间、灯光之间等的"暗示"来区分功能空间
2	**小客厅：** 设计重点是实用，设计简洁的家具是小客厅的首选。另外可以利用冷色调扩展小客厅的心理空间和视觉空间
3	**长条形客厅：** 可以将沙发和电视柜相对而放，各平行于长度较长的墙面，靠墙而放。再根据空间的宽度，选择沙发、电视、茶几等的大小
4	**三角形客厅：** 可以通过家具的摆放来弥补，使放置了家具以后的空间格局趋向于方正。另外，在用色上最好不要过深，要以保持空间的开阔与通透为主旨
5	**弧形客厅：** 选择客厅中弧度较大的曲面作为会客区；也可以在家具的选择上弥补空间缺憾。比如沿着弧形设置一排矮柜，可存放物品，既美观又有效利用了空间
6	**多边形客厅：** 可将多边形客厅改造成四边形客厅，有两种方法，一种为扩大后改造，即把多边形相邻的空间合并到多边形中进行整体设计；另一种为缩小方式，把大多边形割成几个区域，使每个区域达到方正的效果

餐厅：美食空间

餐厅是家庭生活中一个重要的部分，是家庭成员联络感情、就餐的地方，所以餐厅的设计显得尤为重要。餐厅的设计因家居面积大小而定，如果条

暖黄色系的餐桌增强了人的食欲。

件好，单独设餐厅是最理想不过了，这样要请客人就较为方便；如果面积不够，也可考虑餐厨合一，以及餐厅与起居室、储藏室、过厅等空间合用。

设计要点

①顶面：应以素雅、洁净的材料作装饰，如漆、局部木制、金属，并用灯具作衬托。

②墙面：齐腰位置考虑用耐磨的材料，尽量选择环保无害的材料，如选择一些木饰品、玻璃、镜子做局部护墙处理，营造出一种清新、优雅的氛围，以增加就餐者的食欲，给人以宽敞感。

③地面：选用表面光洁、易清洁的材料，如大理石、地砖、地板等。

④餐桌：方桌、圆桌、折叠桌、不规则型桌，不同的桌子造型给人的感受也不同。方桌感觉规正，圆桌感觉亲近，折叠桌感觉灵活方便，不规则型桌感觉神秘。

⑤灯具：灯具造型不要繁琐，但要有足够的亮度。可以安装方便实用的上下拉动式灯具，把灯具位置降低；也可以用发光孔，通过柔和光线，既限定空间，又可获得亲切的光感。

⑥绿化：餐厅可以在角落摆放一株你喜欢的绿色植物，在竖向空间上点缀以绿色植物。

1 餐厅要体现轻松、休闲的氛围

餐厅应该是明间，且光线充足，能带给人进餐的乐趣。餐厅净宽度不宜小于2.4米，除了放置餐桌、餐椅外，还应有配置餐具柜或酒柜的地方。面积比较宽敞的餐厅可设置吧台、茶座等，为主人提供一个浪漫和休闲的空间。

餐厅的面积较大，因此加入了酒柜设计和坐榻设计，增加了餐厅的休闲功能。

设计建议

营造餐厅内的氛围，重点在光线和色彩的变化处理上。较小的空间可以选用淡色调，如淡草绿色、淡米黄色等。餐厅靠墙一面，最好做一点台景，适当布置一点灯光，这样可以为餐桌定位，形成用餐区的视觉中心。同时，在餐厅内还可以配置一些鲜花、小饰品来进行点缀，如一套精美的餐具、一个玲珑剔透的酒杯都会让人心动。

2 餐厅的位置最好与厨房相邻

对于餐厅，最重要是使用起来要方便。餐厅无论是设计在何处，都要靠近厨房，避免距离过远，不便上菜，从而耗费过多的配餐时间。

3 餐厅格局需方正

如果条件允许，餐厅的格局最好要方正，以长方形或正方形的格局最佳，不可有缺角或凸出的角落。方正的格局有利于厨房家具的摆放，也在心理上给人以稳定感。

4 常见三种餐厅格局

独立式餐厅

它是最理想的餐厅格局，餐厅位置应靠近厨房。需要注意餐桌、椅、柜的摆放与布置须与餐厅的空间相结合，如方形和圆形餐厅，可选用圆形或方形餐桌，居中放置；狭长餐厅可在靠墙或窗一边放一个长餐桌，桌子另一侧摆上椅子，空间会显得大一些。

一体式餐厅 – 厨房

这种布局能使上菜快捷方便，能充分利用空间。值得注意的是，烹调不能破坏进餐的气氛，就餐也不能使烹调变得不方便。因此，两者之间需要有合适的隔断，或控制好两者的空间距离。另外，餐厅应设有集中照明灯具。

一体式餐厅 – 客厅

餐厅和客厅之间的分隔可采用灵活的处理方式，可用家具、屏风、植物等做隔断，或只做一些材质和颜色上的处理，总体要注意餐厅与客厅的协调统一。

一般来说，此类餐厅面积不大，餐桌椅一般贴靠隔断布局，灯光和色彩可相对独立，除餐桌椅外的家具较少，在设计规划时应考虑到多功能使用性。如选用折叠式餐桌及可移动式隔断，与所属的大空间相互交融，在紧凑的居室空间里达到最佳的利用效果。

设计建议

餐厅的绿化和点缀非常重要。绿化摆设如盆栽植物、秋海棠、圣诞花等，都可以给餐厅注入生命的活力，可以增添欢乐的气氛，也可将有色彩变化的吊盆植物置于木制的隔断柜上，划分餐厅与其他功能区域。

卧室：起居空间

卧室是人们休息的主要处所，卧室布置的好坏，直接影响到人们的生活、工作和学习，所以卧室也是家庭装修的设计重点之一。卧室设计时要注重实用，其次才是装饰。

柔软的地毯给卧室带来一股暖意。

设计要点

①顶面：宜用乳胶漆、墙纸（布）或者局部吊顶，不宜过于复杂。

②墙面：宜用墙纸、壁布或乳胶漆装饰，颜色花纹应根据住户的年龄、个人喜好来选择。

③地面：宜用木地板、地毯或者陶瓷地砖等材料。

④照明：卧室照明光线宜柔和，人工照明应考虑整体与局部照明。

⑤背景墙：卧室设计中的重头戏，设计上应多运用点、线、面等要素，使造型和谐统一而富于变化。

⑥软装：窗帘帷幔可以令卧室充满柔情主义，是卧室必备软装。应选择具有遮光性、防热性、保温性以及隔音性较好的半透明的窗纱或双重花边的窗帘。

1 卧室材料应具备吸音性、隔音性

卧房应选择吸音性、隔音性好的装饰材料，其中触感柔细美观的布贴，具有保温、吸音功能的地毯都是卧室的理想之选。而像大理石、花岗石、地砖等较为冷硬的材料都不太适合卧室使用。

床头背景墙上的软包极具吸音功能，令卧室更加静谧。

2 主卧室应具有综合广泛的实用功能

主卧室一般处于居室空间最里侧，具有一定的私密性和封闭性，其主要功能是睡眠和更衣，此外还应设有储藏、娱乐、休息等空间，可以满足各种不同的需要。所以，主卧室实际上是具有睡眠、梳妆、休息、阅读、盥洗等综合实用功能的空间。

卧室规划建议

●**睡眠区**：放置床、床头柜和照明设施的地方，这个区域的家具越少越好，可以减少压迫感，扩大空间感，延伸视觉。

●**梳妆区**：由梳妆台构成，周围不宜有太多的家具包围，要保证有良好的照明效果。

●**休息区**：放置沙发、茶几、音响等家具的地方，其中可以多放一些绿色植物，不要用太杂的颜色。

●**阅读区**：主要针对面积较大的房型，其中可以放置书桌、书橱等家具，位置应该在房间中最安静的一个角落，才能让人安心阅读。

③ 儿童房设计要考虑孩子成长需要

儿童房一般与主卧室相邻，是专为子女设置的房间。儿童房的设计应考虑到儿童的成长过程，在婴儿期、幼儿期、青少年期均有不同的功能要求，应注重儿童房功能空间的可持续发展，如衣柜、床、书桌等家具应独立放置，不宜固定在墙面上，以方便日后更换。儿童房应多使用圆弧形边角，避免尖锐的棱角造型。

④ 老年人卧室要求宁静的氛围

在规划老年人卧室时，应考虑到其饮食起居特性，尊重隐私权，为老年人营造一个安宁、清静的生活空间，颐养天年。

色彩与光、热的协调和统一能给老年人增添生活乐趣，令人身心愉悦，同时还有利于消除疲劳、带来活力。老年人一般视力不好，起夜较勤，晚上的灯光强弱要适中。另外，别忘记房间中要有盆栽花卉。绿色是生命的象征，是生命之源，有了绿色植物，房间会富有生气，它还可以调节室内的温湿度，使室内空气清新。

⑤ 次卧室应简洁明快，大众化

次卧室是一个分支空间，用于满足来访亲友的休息需求。次卧室一般来说较小，结构紧凑，一般贴墙放置单人或双人床和衣柜即可，针对过于狭窄的次卧室可放置沙发床。此外次卧室内的储藏柜多作为整个家庭的储物柜，用于放置闲散衣物，体量可做得大些。

另外次卧室一般给亲友临时居住，所以室内装饰应简洁明快，大众化一些，不宜渲染过多装饰造型。

书房：读书空间

近年米随着住房条件的改善和人们文化素质的提高，书房成为一个独立的功能空间出现在居室装饰装修中，将过去放在卧室、客厅边角的书桌移

书柜造型简洁，没有多余的装饰。可以让人集中精神思考阅读。

到一个专用于读书、写字、办公的空间内，并配置相关设施，适合脑力劳动者和家庭办公族的需求。

设计要点

①墙面：适合上亚光涂料，壁纸、壁布也很合适，可以增加静音效果、避免眩光，让情绪少受环境影响。

②地面：最好选用地毯，这样即使思考问题时踱来踱去，也不会发出令人心烦的噪声。

③照明：采用直接照明或半直接照明方式，光线最好从左肩上端照射，或在书桌前方放置高度较高又不刺眼的台灯。宜用旋臂式台灯或调光的艺术台灯，使光线直接照射在书桌上。

④温度：书房中有电脑和书籍，房间温度最好控制在 0 ～ 30℃。

⑤通风：书房里有较多的电子设备，需要良好的通风环境。门窗应能保障空气对流顺畅，其风速的标准可控制在 1 米／秒左右，有利于机器的散热。

1 书房材料应具有隔音性、吸音性

书房要求安静的环境，因此要选用那些隔音、吸音效果好的装饰材料。如吊顶可采用吸音石膏板吊顶，墙壁可采用 PVC 吸音板或软包装饰布等装饰材料，地面则可采用吸音效果佳的地毯；窗帘要选择较厚的材料，以阻隔窗外的噪声。

2 书房的布置形式多样

"T" 形

将书柜布满整个墙面，书柜中部延伸出书桌，而书桌却与另一面墙之间保持一定距离，成为通道。这种布置适合于藏书较多、开间较窄的书房。

"L" 形

书桌靠窗放置，而书柜放在边侧墙处，取阅方便，中间预留空间较大。

并列形

墙面满铺书柜，作为书桌后的背景，而侧墙开窗，使自然光线均匀投射到书桌上，清晰明朗，采光性强，但取书时需转身，也可使用转椅。

活动形

书柜与书桌不固定在墙边，可任意摆放，任意旋转，十分灵活，适合追求多变生活方式的年轻人。

设计提示

书房不应该摆放藤类植物，在风水学中，藤类植物属阴，会吸收能量，还会使人思路紊乱，不利于事业学业的顺利进行。另外，藤类植物大多具有较强的生长性，其攀爬生长的习惯也会导致虫害的产生，还会造成书房的潮湿，对书籍的保存十分不利。

厨房：烹饪空间

"L"形的厨房将洗、切、炒三大功能合理规划，方便了日常烹饪。

现代家居生活的一日三餐基本上都在厨房里操作，厨房的装修成为居室装修的一个重点。厨房内部构成复杂，空间狭窄，所花费的资金较多，因而成为业主重点考虑的空间。

设计要点

①顶面：材质首先要重防火、抗热。以防火的塑胶壁材和化石棉为不错选择，设置时须配合通风设备及隔音效果。

②墙面：以方便、不易受污、耐水、耐火、抗热、表面柔软又具有视觉效果的材料为佳。PVC壁纸、陶瓷墙面砖、有光泽的木板等，都是比较适合的材质。

③地面：地面宜用防滑、易于清洗的陶瓷块材地面；另外，人造石材价格便宜，具有防水性，也是厨房地板的常用建材。

④照明：灯光需分两个层次，一个是对整个厨房的照明，另一个是对洗涤、准备、操作的照明。

⑤其他：厨房首先是实用，不能只以美观为设计原则；在设计上首先要考虑安全问题，另外也要从减轻操作者劳动强度、方便使用来考虑。

1 厨房设计步骤应遵循一定顺序

设计时需要先确定煤气灶、水槽和冰箱的位置，然后再按照厨房的结构面积和业主的习惯、烹饪程序安排常用器材的位置，可以通过人性化的设计将厨房死角充分利用。例如，通过连接架或内置拉环的方式让边角位也可以装载物品；厨房里的插座均应设在合适的位置，以免使用时不方便；门口的挡水应足够高，防止发生意外漏水现象时水流进房间；对厨房隔墙改造时，需要考虑到防火墙或过顶梁等墙体结构的现有情况，做到"因势利导，巧妙利用"。

设计建议

厨房的功能决定了它是居家环境最易"脏、乱、差"的地方。如何让厨房美观整洁，是厨房装修的除功能便捷以外的另一重要的要求。要充分利用空间，利用台柜、吊柜等，给锅碗瓢盆找一个相对妥善的收放空间。厨房里的碗柜最好做成抽屉，推拉式方便取放，视觉也较好。而吊柜一般做成30～40厘米宽的多层格子。

2 厨房的采光、通风和照明应合理

厨房的自然采光应该充分利用，一般将水槽、操作台等劳动强度大的空间靠近窗户，便于操作。在夜间除吸顶灯作为主光源外，还需在操作台上的吊柜下方设置筒灯，配合主光源进行局部照明。

橱柜中如存放瓜果蔬菜等食品，宜采用百叶柜门，保持空气流畅，防止食品腐烂变质。

现代厨房由于建筑外观等因素限制，不宜采用外挑式无烟灶台，灶台一般设在贴墙处台面，上部可挂置抽油烟机，与住宅建筑所配套的烟道相连，解决油烟排放问题。抽油烟机的排烟软管一般从吊顶内侧通入烟道，不占用吊柜储藏空间。

3 常见厨房格局

一字形厨房

一字形厨房直线式的结构简单明了，通常需要面积 7 平方米以上，长 2 米以上的空间。如果空间条件许可，也可将与厨房相邻的空间部分墙面打掉，改为吧台形式的矮柜，这样便可形成半开放式的空间，增加使用面积。

"L"形厨房

"L"形厨房的两面最好长度适宜，至少需要 1.5 米的长度，其特色就是将各项配备依据烹调顺序置于"L"形的两条轴线上。如果想要在烹调上更加便利，可以在"L"形转角靠墙的一面加装一个置物柜，既可增加收藏物品的容量，也不占用平面空间。

"U"形厨房

工作区共有两处转角，洗菜盆最好放在"U"形底部，并将配料区和烹饪区分设两旁，使洗菜盆、冰箱和灶台连成一个正三角形。平行之间的距离最好控制在 1.2 ～ 1.5 米，使三角形总长、总和在有效范围内。

走廊形厨房

将工作区安排在两边的墙面上，通常将清洁区和配菜区安排在一起，而烹调区安排在另一边。这种设计也能接收到从窗户投洒进来的太阳光。

卫浴：洗漱空间

卫浴空间，是一个私密且被赋予更多人性色彩的空间，在每一个人的生活中，扮演着一个重要的角色。卫浴空间的设计装修，目前也已成为家庭装修中一个非常重要的环节，它需要更多的细节和卫浴产品元素来实现每一个人的需求，从而满足它本身的功能性和情感性的空间特点。

淋浴间用钢化玻璃进行围合，有效地实现了卫浴间的干湿分离。

设计要点

①顶面：多为PVC塑料、金属网板或木格栅玻璃、原木板条吊顶。

②墙面：可为艺术瓷砖、墙砖、天然石材或人造石材。

③地面：地面材料要防滑、易清洁、防水，故一般地砖、人造石材或天然石材居多。

④通风：卫浴容易积聚潮气，所以通风特别关键。选择有窗户的明卫最好；如果是暗卫，需装一个功率大、性能好的排气换气扇。

⑤软装：绿色植物与光滑的瓷砖在视觉上是绝配，所选绿植要喜水不喜光，而且占地较小，最好只在窗台、浴缸边或洗手台边占一个角落。

1 卫浴材料的防潮性非常关键

由于卫浴间是家里用水最多、最潮湿的地方，因此其使用材料的防潮性非常关键。卫浴间的地面一般选择瓷砖、通体砖来铺设，因其防潮效果较好，也较容易清洗；墙面也最好使用瓷砖，如果需要使用防水壁纸等特殊材料，就一定要考虑卫浴间的通风条件。

设计提示

卫浴间使用时湿气较大，顶、墙、地面的装饰材料均可与厨房相同。但色彩可明亮洁净，让狭窄的空间显得开阔。电源插座应安装防护盖，电器的安装存放应远离洗浴区，防止漏电。燃气热水器不得安装在卫浴间内，电热水器不得安装在吊顶内侧。

2 卫浴间的两种通风设计方式

自然通风

自然通风有很多好处，通风不受时间限制，有利于室内空气的交换，保持干燥。在夏天时，开窗还能降低室内的温度。

人工通风

人工通风可以在卫浴间的吊顶、墙壁、窗户上安装排气扇，将污浊空气直接排到通风管道或室外以达到卫浴间通风换气的目的。有的家庭装修时由于装了排气扇，便把窗户封死了，结果使用时很不方便。因为用排气扇只能用一时，排除异味自然没问题，但不能保证卫浴间的空气清新和干燥。

3 卫浴间的平面布置形式

	概　述
集中型	将卫浴间内各种功能集中在一起，一般用于面积较小的卫浴间。如洗脸盆、浴缸、坐便器等分别贴墙放置
分设型	将卫浴间中的各主体功能单独设置，分间隔开，如洗脸盆、坐便器、浴缸、洗衣机分别设在不同的单独空间里，减少彼此之间的干扰。使用时分工明确、效率高，但所占据的空间较多，对房型也有特殊要求
前室型	将以上两种形式综合考虑，根据不同的需要，可分可合，各使用空间之间可穿插相连。这种形式非常普遍，一般用于面积较大的外部卫浴间

阳台、露台：休闲空间

阳台和露台在居室装修中属于辅助空间，是室内与户外沟通的桥梁。在现代住宅建筑中每套户型一般均设有1～2个阳台，高档住宅或别墅常设有3～5个阳台，它们分别与使用频率高的室内空间相连，如客厅、厨房、卧室等。

大型的绿色盆栽与木质墙面搭配恰到好处，共同为阳台注入了自然的活力。

设计要点

①顶面：有多种做法，葡萄架吊顶、彩绘玻璃吊顶、装饰假梁等；但阳台面积较小时，可不用吊顶，以免产生向下的压迫感。

②墙面：阳台墙面既可以不做装饰，也可以设计花架，塑造一面鲜花墙，或用木材来做造型。

③地面：内阳台地面铺设与房间地面铺设一致，可起到扩大空间的效果。

④栏杆和扶手：为了安全，沿阳台外侧设栏杆或栏板，高约1米，可用木材、砖、钢筋混凝土或金属等材料制成，上加扶手。

⑤排水处理：为避免雨水泛入室内，阳台地面应低于室内楼层地面30～60毫米。

① 阳台材料应选用天然材料

阳台是居室最接近自然的地方，应尽量考虑用自然的材料，避免选用瓷片、条形砖这类人工的、反光的材料。天然石和鹅卵石都是非常好的选择，光着脚踏上阳台，让肌肤和地面亲密接触，感觉舒服自在，鹅卵石对脚底有按摩作用，能舒缓疲劳。而且，纯天然的材料更容易与室内装修融为一体，用于地面和墙身都很合适。

② 阳台的多功能设计

阳台休闲区

在阳台上摆放座椅、躺椅或摇椅等，它就可以变身为一个休闲区。闲时可以在此阅读或小憩。

阳台花园

把阳台改造成花园很简单，漂亮的植物和水景不论怎样搭配都别有韵味。

红色的布艺沙发温暖舒适，为居室添加了一抹温情。

书房工作间

阳台一般都挨着客厅或卧室，将其设计为书房工作间，既很好地利用了空间的组合，又满足了晒太阳的生活需要。

亲子游乐园

阳台光线充足，环境好，同时比较适合改造为不同的游戏场景。选择面积较大的阳台，能够让孩子放开手脚玩耍。

阳台收纳

可以在阳台处摆放具有收纳功能的柜子，用以协助完成日常收纳，既整洁又合理利用了空间。

装修达人的课堂提示

警惕室内空间过度"设计"而影响使用功能

良好的设计与规划是家庭装修成功的一半。但是，由于人们对家庭装饰设计与规划的认识程度较低，加之居住空间、审美能力有限，在家庭装饰中，许多人只是凭感觉、靠印象、多效仿、随大流，追求各种"豪华设计"而没有结合自己的空间情况，因而陷入了种种误区。

误区 1 电器家居挤满空间

目前家具、灯具、家用电器已成为家用艺术品的一部分，但许多家庭由于缺少统筹，规划不当，结果适得其反。如：一些人不顾面积，购置大型家具，结果连人的自由活动空间都受到限制；有些人则购置高档音响、卡拉OK等，将居室布局成品种繁多的电器城，各类电器相互干扰，噪音严重，于健康不利；吊灯、吸顶灯、射壁灯、升降灯虽一应俱全，但不少区域却缺少正常的照明用光，或是过强的亮度、怪异的色度让人产生不适。

应对：在购买电器家居之前应该根据室内面积进行合理规划，应首先满足使用功能，其次再根据美观需要适量添置。例如客厅面积不大，就建议选用低矮型的沙发。这种沙发没有扶手，流线型的造型，可以使客厅空间感觉更加流畅。

误区 2 让居室忍辱负重

在居室空间装修运用上，误区更多。一些人将阳台改为厨房，集中堆放重物，大幅度增加了阳台的负荷，十分危险；还有些人在居室面积并不宽敞的情况下，又是包墙，又是吊顶，地面再铺上地板，致使居室空间减少，给人一种压抑感、被动感。

应对：在装修之前最好去多家设计公司咨询规划建议，选择最优的布置方案。最终确定好设计图纸后再施工，切不可边施工边改。

误区 3 耗费巨资却事与愿违

家居装饰、材料的使用不在多而在于精，不在于昂贵而在于设计得体。但部分家庭在装修时，为营造现代气氛，耗费数万元甚至十几万元，或将木门换成小餐馆流行的玻璃弹簧门，客厅置放一个会议室式的大屏风，四周则是价格昂贵的名家名画，或是连铁质水龙头也非要换成镀金的，与居室格调极不协调，结果使装修后的家居显得不伦不类，很不实用。

应对：先了解各种装修风格，最后确定适合自己的居家风格，然后根据风格的类别购买家居用品。

第四章

确认装修需求、选准设计师

不掉入"熟人"设计的陷阱

装修基本程序

拿到新房钥匙后，检查设施完备就可以开始装修了，装饰装修一般分为三个阶段：前期准备、装修实施和后期配饰。

1 前期准备

装修意识

向有装修经历的亲友、邻居、同事咨询，学习装修经验，避免装修过程中出现问题。尤其是相关的材料价格、工人劳务价格及市场流行趋势等，这些资料是书本无法提供的。当然他人的口头阐述也只能作为参考意见，独立自主的装修意识是成功装修必要的前提条件。

制订方案

对所拥有的房屋结构要仔细了解，丈量一下实际面积并绘制详细的结构图。绘制房屋平面图及装修拆改方案图，估算装修总额（包括材料的价格和人工费用），向装修设计师提供大致的装修思路，并列举提供需要摆放的物品清单。从而制订方案，选择适合个人的消费档次，如高档、中档、低档等。

装修费用

对装修资金预先准备，针对于普通大众，装修的总费用应为房屋价格的 10%～20%。材料预算和费用分配以追求合理舒适为基础。

工期安排

工期安排应错开自己的工作时间，毕竟装修施工需要业主亲自过问各种具体事项。以普通三室两厅约 120 平方米为例，在正常情况下，工期应在 45～50 天，如考虑其他因素，诸如更改、增加设计方案等，最多 60 天左右。

知识积累

业主个人及家庭成员应具备一定的专业知识，在居室装修前，最好能借阅或购置 2 ～ 3 本相关书籍，对专业知识要有一定的积累。

考察市场

对所在城市的装修市场进行全面考察，了解必要的装饰材料价格和周边装饰公司的经营方式。一般由业主提供材料，包括：木芯板（大芯板）、胶合板、装饰板、墙地砖、地板、吊顶扣板等。在装修中鉴于对环保质量的控制，对这些材料需要详细了解，尤其是认证产品的有害物质含量及检测证书。对同种材料产品的价格要仔细比较，一般而言，地段较好的装修材料市场租金较高，则材料价格也相对较高。

② 装修实施

不少业主直接寻求装饰公司协助，也有一部分业主因资金有限，选择熟人推荐的"马路游击队"（临时工）装修，对于后者，装修风险较大，应认真考察其装修流程。正规的装修公司应有一套完整的操作步骤，下面以装饰公司的标准流程为例：

广告宣传，业务咨询

公司政策宣传，设计流程解说，了解业主基本要求及提出取费方式。

测量房屋，商议洽谈

公司派出设计师及业务员测量施工现场，了解业主所提出的要求，商讨装饰装修细节等。

设计方案，预算报价

设计师提交初步方案，包括平面图及装饰装修预算等，并就初步方案与业主商议。

设计图样，审定图样

达成基本意向后，业主交纳部分定金，设计师绘制后期施工图、节点大样图及效果图，并就细节再次商定。

签订合同，交付首款

认可设计方案及预算后，装饰公司与业主签订合同，业主须正式交纳首款，一般为装饰工程全额的 40% ～ 50%。

现场说明，施工交底

装饰公司安排施工事宜，设计师、业主及施工员在施工现场集合，就设计与施工事宜做最后的沟通。

人员到位，材料进场

装饰公司的装饰材料和施工人员到达现场并邀业主验收审定。

施工进行，分期付款

装饰施工开始，基本操作程序为：

● 改造工程，基础构件改造。

● 隐蔽工程施工，水、电、气线路布设。

● 瓷砖镶贴工程施工，厨房、卫生间等处铺设墙地砖。

● 木器工程施工，定制家具及木质饰品，铺设吊顶及地板龙骨架。

● 油漆涂料工程施工，家居装饰构件外部油漆及墙面乳胶漆喷涂。

● 收尾工程，水电洁具灯具安装，木器外饰五金安装，保洁维护。

● 完工撤场，竣工验收。

● 装饰公司完工后组织业主及物业公司监理验收，装饰施工工程结算，公司将工程资料存档备案。

售后服务，维修保障

装饰公司提供保修单、注意事项、使用说明书及工程水电管线竣工图，并对客户定期回访，组织维修。

3 后期配饰

"轻装修，重装饰"是近年来流行的趋势，前期装修花费较多，都是固定物件，很难更改，而后期配饰则方便灵活，可塑性较强。前期的创意设计及规划应考虑到后期的配饰陈设。如给餐厅酒柜、书房书柜、卧室衣柜留出必要的完整空间，也可聘请配饰设计师进行指导规划，并要求其在图样中标明装饰配件的陈设位置。

整体设计简洁大方更符合现代人的生活理念。

家居配饰主要构成元素分类	
分类	**概述**
工艺饰品	通过手工或机器加工生产出的艺术品。包括陶瓷摆件、铁艺摆件、玻璃摆件等
装饰画	起装饰美化作用的展示画作，常被装饰于居室表面，包括挂画、插画、照片墙、相框、漆画、壁画、装饰画、油画等
布艺织物	室内装饰中的常用物品，包括窗帘、床上用品、地毯、桌布、桌旗、靠垫等
绿植花卉	包括装饰花艺、鲜花、干花、花盆、艺术插花、绿化植物、盆景园艺等

设计建议

　　家居配饰应遵循多样与统一的原则，根据大小、色彩、位置使之与家具构成一个整体，营造出自然和谐、极具生命力的统一与变化。家具要有统一的风格和韵味，最好成套定制或尽量挑选颜色、式样格调较为一致的软装饰品。例如可以将有助于提升食欲的黄色定为餐厅的主色，但在墙上挂一幅青绿色的装饰画作为整体色调中的变化。

相关手续及办理装修贷款

① 相关手续

去物业公司办理装修手续，具体包括以下内容：

1. 填写装修申请表。
2. 装修图样审查（某些别墅及高档公寓物业需要此步骤）。
3. 交纳物业装修押金。
4. 交纳装修管理费。
5. 提交装修公司资质文件（某些普通小区允许施工队施工，可免本手续）。
6. 办理施工人员出入证。
7. 办理装修许可证（一般是一张纸，物业公司盖章，贴在家门上）。

不同的物业装修手续，可能会有些差异，普通房屋装修如手续齐全一般当场就可以办完，别墅类房屋或者有特殊施工的房子（封阳台、建院子之类）可能因图样审查需要 1 ~ 3 天的时间才能批复。

② 装修贷款办理

近年来，住房贷款热推动了装修贷款的发展，在装修中所需的费用对于大多数业主而言不算少，加上在购房中已付出大部分存款，剩下的资金不多，装修贷款成为部分家庭的选择。

装修贷款的概念

●个人住房装修贷款是指银行向个人客户发放的用于装修自用住房的人民币担保贷款。可用于支付家庭装修和维修工程的施工款、相关的装修材料款、厨卫设备款等。

●个人住房装修贷款的对象为具有完全民事行为能力的自然人。

●借款额度。借款人金额不低于人民币 5000 元（含 5000 元），最高额度贷款不超过人民币 15 万元（含 15 万元）。

●贷款期限最短为半年，最长不超过 5 年（含 5 年）。

●贷款利率按中国人民银行规定的同期贷款利率执行。

装修贷款的流程

借款人应提供的资料

●借款人填写《××××银行个人住房装修贷款申请书》

● 居民身份证(身份证、户口簿、军人证或其他的有效身份证件)等资料的原件和复印件。

●个人收入证明(单位出具的收入证明、工资单、纳税单、可用于还款的本行储蓄存单等)。

●与装修企业签订的《家庭装修工程合同》《购买家庭装修材料合同》《购买厨卫设备合同》，以及家庭装修预算书。

●装修企业的经营执照和资格证书复印件。

●抵押物、质押物及权利凭证清单的权属证明和有处分权人同意抵押、质押的证明；抵押物必须提交所有权或使用权证书、估价、保险文件；权利质押物还需提供权利凭证；保证人同意保证的文件。

●贷款银行要求的其他材料。

担保的方式与具体要求

借款人向银行申请个人住房装修贷款必须提供有效担保。担保可以采取抵押、质押、保证等方式。借款人以自有财产或第三人自有财产进行抵押的，银行要与借款人或第三人签订《抵押合同》；抵押物必须评估，并办理抵押登记手续。借款人以自己或者第三人的符合规定条件的权利凭证进行抵押的，银行要与借款人签订《质押合同》，可以质押的权利凭证包括：

●有价证券。包括政府债券、金融债券和 AAA 企业债券。

●银行出具的储蓄存单。

●银行认可的其他资产。

贷款期限不长于质押权利的到期期限。借款人以担保的方式提供担保人，保证是连带责任的保证，银行要与保证人签订《保证合同》。保证人必须是法人、其他经济组织或公民。未经贷款银行同意，抵押期间借款人(抵押人)不得将抵押物转让、出租、出售、馈赠或再抵押。抵押期间，借款人有维护、保养、保证抵押物完好无损的责任，并随时接受贷款人监督检查。

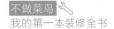
装修贷款流程说明：

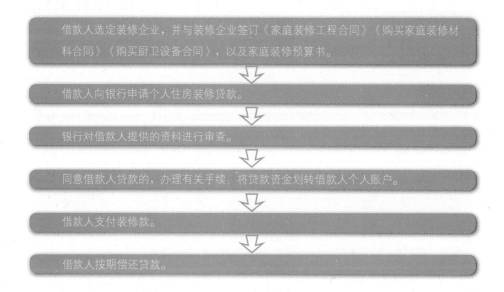

借款人选定装修企业，并与装修企业签订《家庭装修工程合同》《购买家庭装修材料合同》《购买厨卫设备合同》，以及家庭装修预算书。

借款人向银行申请个人住房装修贷款。

银行对借款人提供的资料进行审查。

同意借款人贷款的，办理有关手续，将贷款资金划转借款人个人账户。

借款人支付装修款。

借款人按期偿还贷款。

装修贷款注意事项

●个人住房装修贷款是银行向借款人发放的用于自有住房装修的贷款。这里所说的住房装修，是指使用装饰装修材料对住房进行修饰和加工处理的工程活动，也就是说房产必须是自己的。

●房屋装修贷款中的特殊要求是：要有经有关部门批准的装饰装修企业所签定的住房装修合同、装修概算书及相关资料；部分银行也要求业主有不少于装修总预算30%的自有资金，并在使用贷款前投入项目建设。

●贷款最长期限不超过五年且不办理延期。

●单笔贷款不超过装修预算工程款的70%，质押贷款的最高比例不超过本人储蓄存款的80%。

●拟用于装修或抵押的房屋必须质量合格，产权明晰，不在拆迁公告范围内。

●拟用于装修或抵押的房屋的楼龄（即房屋已使用年限）不超过15年。

●借款人的年龄加上贷款期限，男士不超过65周岁，女士不能超过60周岁。

●如遇国家利率调整，以最新基准利率为准。

找到合适的设计师

1 亲朋好友的推荐

问身边的亲朋好友，以前或者最近装修过房子的，请他们推荐一下，最好是到装修过的房子里去参观。这样就可以边参观边了解设计师的设计风格、施工品质、收费情况和售后服务等。

优点： 因为亲友、同事是亲身体验，而且也看得到完成后的空间，所以值得参考。

缺点： 若找的设计师就是自己的亲友，有问题也不好意思反映，反而委屈自己。

2 实品、样品房参观

若买的房子是现房，多半有实品房及样板房可以参观。有些房地产开发公司为了吸引购房者，会一次装修 4~5 套房子，让业主连装修一起买，因为是一次装修多户，装修费用会比较便宜。

优点： 对空间格局较为了解，且装修费用较便宜。

缺点： 风格不能自主选择，且施工品质需要经过确认。

装修提示

样板房与实品房是不同的。两者都是房地产公司用来销售房子的设备。但样板房指的是房子还没盖之前，仿完工后的空间格局临时搭建的，因为没有梁柱，所以跟最后完成的空间多数会有落差；而实品房指的是建筑物完成后，用实际格局装修后用来销售的房子，因为已完工，所以最接近实体房。

③ 中介、承包商介绍

中介公司和装修公司常会有配套的室内设计师，也可以请他们推荐。但由于中介会向设计师收取佣金，他们在推荐的时候就很难客观地来介绍，所以设计师好不好就很难说了。最好请他们介绍认识装修过房子的业主，亲自到业主家里看装修效果，了解一下他们对设计师的评价等。

优点：较为省时、省事。

缺点：因为会收取佣金，所以很难完全相信。

④ 网上寻找

随着网络的兴起以及人们网络消费习惯的形成，在网上找设计师也就越来越流行。一上网就可以看到设计师的作品，从中了解设计师的设计理念和设计风格等，而且一次可以看很多案例。有些设计师还有博客，不仅可以看到作品，还可以了解每个案例的心情故事。

优点：没有时间限制，只要有台电脑即可。

缺点：网络毕竟是个虚拟世界，真实度还要经过进一步确认。

⑤ 与设计师的沟通方式与技巧

与设计师沟通是整个装修中最重要的环节，他是你未来房屋的规划者，所以装修开工前一定要和设计师好好地彻底沟通一次，建议按照以下步骤走：

第 1 步 告诉设计师家庭成员及生活习惯

设计前要将家庭人口、年龄、职业、身高以及一些兴趣爱好、生活习惯等资料详细地提供给设计师，他才有可能将大家的生活喜好融入设计中。

第 2 步 告诉设计师初步装修预算

大家最好先确定自己的装修预算，这样有助于设计师根据你的家庭经济实力做出比较适合的装修方案，避免设计出超出你经济承受力范围的设计方案。

第 3 步 选出家庭代表和设计师进行沟通

在家庭内部选出一个具有决定权的人和设计师进行设计方案的讨论。他作为家庭的代表，将整个家庭的装修意见传递给设计师，避免了家人与设计师重复沟通的现象。

第 4 步 确定装修风格

把自己喜爱的装修风格告诉设计师。事先最好收集些居室范例的书籍或图片等资料，将自己认可的风格给设计师作为参考讨论，避免在概念上双方产生误会。

第 5 步 探讨房间的功能分配

和自己家人仔细商量每个房间的功能安排，将每个家庭成员的兴趣爱好考虑进去，然后在设计师开始做设计方案之前提出来。

第 6 步 探讨房屋的结构问题

带领设计师查看现场，确认墙体的结构。承重墙不能随便敲，在这个问题上一定要听取设计师的专业意见，不可为了美观，擅自拆改墙体。

第 7 步 探讨装修细节问题

此时应该和设计师在一些装修的具体细节问题上相互讨论，形成共识。例如就装修材料的相互搭配，某个具体部位如玄关所用的材料、建材的品牌、颜色等问题，进行全面的讨论。

第 8 步 仔细审看设计图纸

在设计初稿完成以后，大家应该仔细审看研究，随后提出修改意见。千万不要怕得罪设计师，毕竟花钱的人是你，所以一定要说出真正的感觉，才能设计出理想的家。

第 9 步 探讨设计改动方案

施工开始后，如果你要求对原先的设计方案进行改动，请征求设计师的意见。他会帮助具体分析你所提出的改动方案是否具有可行性。

第 10 步 定期做现场施工沟通

有些不负责任的施工队会因为施工技术上的原因或偷工减料而不按照设计图纸施工，所以应该要求设计师定期进行监督，控制施工品质，防止日后因施工质量而与设计师发生矛盾。

第 11 步 和质检员一起进行完工验收

完工后双方依照合约的内容进行验收。如验收结束，则按合同付清工程款项。如有瑕疵，则可按合同要求修正，或按合同扣除部分的工程款项。如果工期延迟，可以要求对方延迟补偿。

第 12 步 征求设计师对软装的建议

软装的风格与房屋的整体装修风格是否相符也是个十分重要的问题。作为装修风格确定者之一的设计师，他能帮助你在挑选软装方面提出他的专业建议，以保证两者风格的统一。

找对合适的设计公司

1 了解设计公司经营模式

每个设计公司的经营都有其优缺点。因为经营规模的大小关系到装修成本、流程管理及未来的售后服务，所以在选择设计公司时要慎重考虑。完整的设计公司包含了设计部门、施工部门、行政财务部门及客服部门。依据经营模式的不同可分为设计工作室、中小型设计公司、大型设计公司。

设计工作室

这种设计公司很常见，通常公司人数不多，在五人左右。包括设计师、设计助理、监工、行政财务人员。受人力财力限制，接活量有限，通常只有一个主持设计师负责。

优点： 收费有弹性，因为人数不多，服务成本相对较低。但若是知名个人工作室，则费用较高，设计品质相对也较高。

缺点： 若是业务量超过运营能力，易造成工期拖延，因为是工作室，万一发生纠纷可能会人去楼空。

中小型设计公司

公司人数在 6~20 人不等，人数越多的公司，部门编制也越完整。设计部门不止一位设计师，有些还会成立专门的客服部，专门处理售后服务的相关事宜。

优点： 编制完整，人力也较为充足。

缺点： 因为不止一位设计师，若主持设计师或负责人管理不当，很容易发生品质参差不齐的状况。

大型设计公司

不止一家设计公司，会按装修预算的不同而有不同的设计公司对应服务。部门编制完整，有统一的行政财务以及客服，还有专门的采购单位负责建材及家具、家饰的采购。

优点： 资源多，人力充足，设计风格多元化。任何问题都有专属的部门解决，服务较为周到，经验丰富。

缺点： 设计费用相对高些，若主持设计师或负责人管理不当，很容易发生品质参差不齐的状况。

② 如何考察设计公司

与装修公司开始接触时，应把一些必要的相关信息交代予装修公司，看他们是否接受。同时，可以从以下几个方面考察设计公司。

看营业执照

看公司是否有营业执照、资质证书，是否有设计跟施工的能力。

看诚意

看公司是不是有诚意，每个员工、每个部门是否都真心实意。

看售后

看看公司的售后服务是否服务到位、方便快捷、一次到位。

看样板房

可以去参观公司已经完成的工地，最主要看材料的接缝和墙地面的角落处的施工情况，这样很快能了解该公司的负责程度。

但是许多家装公司都会提供参观他们完成的样板房，但这只是家装公司邀请消费者参观的"样板"。可以相信这些"样板"的制作达到一定的水平，然而，"样板"拷贝就不一定不走样，因为同一家公司的不同施工队的施工水平可能完全不同，所以，这种样板房只作为一个参考。

看施工工地

看该公司正在施工的工地。因为施工现场的一些细节完全能够反映一个公司的管理水平。比如，工人着装是否统一、规范；材料能否有序堆放；工地现场是否废料乱丢、脏乱不堪等。这些细节看似和施工水平没有直接关系，却是一个公司员工工作作风和素质的体现。当然，施工工艺更是考察重点。

看预算

看该公司的预算，看看透明程度，还有了解其价格是不是合理，是不是一看就可以让你明白。

装修提示

在选择装修公司时要仔细分析报价，不要贪图一时便宜。要找一个适合自己、有质量、讲诚信的设计公司。这样在装修新房时才能让自己体会到开心、放心、舒心、称心。

装修达人的课堂提示

警惕家装"被杀熟"的现象

有不少业主由于是第一次装修，对于很多装修环节不是特别了解，但如果是找到陌生的装修公司或者装修队，又担心遇到不良商家。因此目前很多业主都会第一时间考虑选择熟人来施工。

由于是"熟人"的关系，便草率签订《合同》和《预算》后开工。可工程进行一半后，工程质量、付款方式等出现很多问题，比如必须做的防水工程，因没有出现在报价表上，被要求另外加钱。想要追究责任时才发现合同上无装修公司的公章，只有"熟人"的签名。并且工程款已经付了大半，最终导致进退两难。

找对"熟人"的方法：

方法1 审核你"朋友"在装修方面的理念是否和你在同一次元的情况下，如果你们在各种看法上是有巨大差异的，最终可能导致一些矛盾的产生，甚至不欢而散。

方法2 在装修的时候，你的"熟人"也许当面不好意思要你许多的工钱，甚至夸下海口要给你打多少折。但现在的社会，出来做事无非就是赚钱，而你的"熟人"介绍的人却不是你的朋友，这一点许多人迟迟不懂，直到被坑了也不好意思指责"熟人"。所以一定要事先写清楚装修合同的细节都有什么，包括装修形式的选择以及装修工期、付款方式等等。这样一旦出了问题也好第一时间解决。

方法3 出了问题，一定要拉得下面子，而且在装修开工前要说好，工程上的事情，有问题就应该直接指出。对事不对人，如果你觉得这个熟人是出了问题也不好意思开口的，那么就坚决不能找此人装修。

第五章

合理制订预算规划

不掉入设计公司"一口价"的陷阱

了解市场行情

要想做到开工后的省心，就必须在谈判时将要求一一明确，而要做到这一点，就要在前期充分了解市场，了解装修是怎么一回事。业主可以从以下两大方面着重考虑。

家装材料方面

家装的主要材料一般包括：墙地砖、木地板、油漆涂料、多层板、壁纸、木线、电料、水料等。掌握这些材料的价格会有助于业主在与装饰公司谈判时基本控制工程总预算，使总价格不至于太离谱。

人工费用方面

●**力工费用**——墙体拆除，线路开槽，材料搬运，垃圾清运。

●**水暖工费用**——给水管路改造，下水路改造，暖气改造及安装，水路打压，洁具和水路管件安装（也可以销售商负责安装）。

●**电工费用**——强电（照明、开关、插座）布线，弱电（有线电视、网络、电话、音响）布线或智能布线，开关插座面板安装，安装灯具（也可以销售商负责安装）。

●**瓦工费用**——防水制作、墙体砌筑、包下水立管、瓷砖粘贴、地面找平。

●**木工费用**——柜体制作，扣板安装，吊顶制作，棚角线制作安装，背景墙制作，卫浴间和厨房门口封上椋，房间不规则门口修整，保温墙体制作。

●**油工费用**——墙面修整和找平，腻子批刮处理，乳胶漆涂饰，木器漆涂饰。

对这些常见人工的价格要心中有数，根据实际情况确定增减项目，同时也可看出装饰公司在人工费用方面有无漫天要价。

预算书的内容构成

在装修前如果能够根据装修项目作出合理的预算，不仅可以量力而为，而且在与装修公司谈判的时候可以做到胸有成竹，不至于挨"宰"。住宅装修工程造价一般由以下四个部分组成：

1 装修部分

一般家庭装修包括：装修公司完成的部分和业主自己购买的部分。（以装修公司半包为例）

装修公司完成的部分	业主自己购买的部分
部分材料费、人工费、机械费、企业管理费、利润、税金。这六方面的内容构成工程总造价，也就是说装修公司收费里面必须要含概这些内容，它体现在综合单价里面，或者说报价清单的单价里。	●地面材料、墙面材料、顶面材料 ●灯具、布艺、五金等 ●厨卫电器、洁具等

2 家具部分

现如今，"轻装修、重装饰"的观念已深入人心，家具也就成为家装的重点。合适的家具选择，可以增加房间的装饰效果和使用功能。合理的价位，也是家装总造价不超标的保障。

3 家电部分

家电行业是一个非常成熟的行业，品牌集中度高，市场价格透明，服务也不错，没有什么后顾之忧。并且，业主们大多具有品牌忠诚度，相对来说选择比较集中，花费也比较容易控制。

4 装饰部分

装饰部分包括的项目很多，它的花费可多可少。装饰品的选择主要是根据大家的艺术修养来决定的。装饰品尤其是布艺对家居装修后总的效果影响是非常巨大的，色彩协调统一，会使人心旷神怡。因此在这方面一定要下足功夫，适当的花费，往往起到事半功倍的效果。

常见的预算报价方法

家庭居室装修所涉及的门类丰富、工种繁多，在预算报价时基本上是沿用建筑工程的计算方式，随着市场的完善，各种方法也层出不穷，这里介绍实用性最强的四种方式。

1 方法一

对所处的建筑装饰材料市场和施工劳务市场调查了解，制订出材料价格与人工价格之和，再对实际工程量进行估算，从而算出装修的基本价，以此为基础，再计入一定的损耗和装饰公司利润即可，这种方式中综合损耗一般设定在 5% ~ 7%，装饰公司的利润可设在 10% 左右。

例 1

根据对某省会城市装饰材料市场和施工劳务市场的调查，了解到要装修三室两厅两卫约 120 平方米建筑面积的住宅房屋，按中等装修标准，所需材料费约为 50000 元，人工费约为 12000 元，综合损耗约为 4300 元，装饰公司的利润约为 6200 元。以上四组数据相加，约 72000 元，这即是采用方法一所估算的价格。

这种方法比较普遍，对于业主而言测算简单，容易上手，可通过对市场考察和周边有过装修经验的人咨询即可得出相关价格。然而根据不同装修方式，不同材料品牌，不同程度的装饰细节，而有不同的差异，不能一概而论。

② 方法二

对所需装饰材料的市场价格进行了解，分项计算工程量，从而求出总的材料购置费，然后再计入材料的损耗、用量误差、装饰公司的毛利，最后所得即为总的装修费用。这种方法又称为预制成品核算，一般为装饰公司内部的计算方法。

③ 方法三

对已完成的同等档次居室装修费用进行调查，所获取到的总价除以建筑面积，所得出的每平方米综合造价再乘以即将装修的建筑面积。

例 2

现代中高档居室装修的每平方米综合造价为 1000 元，那么可推算出三室两厅两卫约 120 平方米建筑面积的住宅房屋的装修总费用在 120000 元左右。

这种方法可比性很强，不少装饰公司在宣传单上印制了多种装修档次价格，都以这种方法按每平方计量。例如：经济型每平方米 400 元；舒适型每平方米 600 元；小康型每平方米 800 元；豪华型每平方米 1200 元等。业主在选择时应注意装饰工程中的配套设施如五金配件、厨卫洁具、电器设备等是否包含，以防上当受骗。

④ 方法四

通过细致的调查，对各分项工程的每平方米或每延米的综合造价有所了解，计算其工程量，将工程量乘以综合造价，最后仍然计算出直接工程费、管理费、税金，所得出的最终价格即为装饰公司提供给业主的报价。

这种方法是市面上大多数装饰公司的首选报价方法，名类齐全，详细丰富，可比性强，同时也成为各公司之间相互竞争的有力法宝。

在拿到这样的报价单时，一定要仔细阅读研究。一般要求报价单应满足以下几项要求：首先，每一单项的价格和用量要合理；第二，工程项目要齐全；第三，尺寸标注要一致；第四，材料工艺要写清；第五，应该列明特殊情况的预算。

装饰装修的省钱秘诀

> 装修其实就是用一大堆白花花的银子换来的东西，把家堆砌成你喜欢的样子。然而，实际操作起来会有这样那样的麻烦，但是很多业主装修费钱、费力还达不到自己想要的效果。如何既省钱又搞好装修，这里面有不少学问和窍门。

1 合理的设计方案是省钱的前提

在与设计师充分交流时，设计师一般会将室内空间的功能、装饰、家具、用材等都一一标明在施工图上，并根据业主的需求进行修改，直到满意为止，从而避免了在装饰施工过程中边看边做、边想边做的弊病，避免浪费不必要的人力、物力、财力。

2 严格审核预算报价单

在与装饰公司协商时，应眼明心亮，最大程度让每一笔费用都花到实处。

如果没有完整的预算报价，装饰装修的花费就可能造成"虎头蛇尾"或"蛇头龙尾"，前后档次差异较大，不仅造成费用的浪费，还会影响最终的装饰效果。合理正确的预算报价是装修省钱的重要因素。

3 合理运用装饰材料

在功能性较强、使用频率较高的装饰结构或家具上采用中高档型材，而其他部位则采用经济型型材，做到"画龙点睛"。整套房屋豪华奢靡，既不符合我国国情，也不一定能够达到完美效果。如电视机背景墙，可采用造型结构简单而材料突出的设计方案，简单的结构可降低人工费用，而效果突出的材料也并不一定昂贵。

4 选择优秀的施工队

高质量施工可提高工作效率，缩短工期，高素质的施工人员在取材下料时精打细算，减少了材料的浪费，使损耗降低，业主也因此得益。如果施工人员素质低下，不仅不能达到预期装修效果，甚至还会埋下安全隐患，造成返工，损失和浪费最终由业主承担。

5 不能忽视局部关键工程

装饰装修工程中的水、电、气等隐蔽工程应选用质量较好的知名品牌产品，虽然差价较大，但使用的数量不多，不会造成总价的大幅攀升。基础隐蔽工程如果出现缺陷，在日后的使用中维修起来就非常麻烦，甚至要破坏外部装饰墙面及家具。

6 家装请监理更省钱

一般人可能觉得已花几万、十几万装饰，还要付一笔监理费，似乎是额外支出。其实可以换一个角度考虑，首先监理在审核装饰公司的设计、预算时可挤掉一些水分，这部分一般都要多于监理费；其次，每天有监理人员在工程材料质量、施工质量等方面把关，防止施工队使用假冒伪劣产品或以旧代新，以次充好，同时又节约了大量的时间和精力。由此看来家装委托监理帮助既省时又省力。

装修提示

请了监理以后并非万事大吉，业主一方面常同监理员保持通讯联系，另一方面在闲暇时到工地查看，有疑问的地方及时与监理员沟通，有严重问题时要及时碰头，三方协商，及时整改。在隐蔽工程、分部分项工程及工程完工时，业主应到现场会同验收，方可继续施工。另外，业主自供材料部分应及时供应到工地，不得影响工程进度。

装修达人的课堂提示

警惕装修价格低开高走

现今大多数业主对装饰市场不甚了解，即使是有过装修经验的业主也是数年前的事情，装饰材料的更新日新月异，业主也不是很了解。很多装饰公司抓住业主的这一弱点，在价格上频频设置陷阱，造成业主不必要的经济损失。

 ### 陷阱1 低价诱惑

一些装饰公司和施工单位为招揽业务，在预算时将价格压至很低，甚至低于常理。别人开价十万元，而他报价八万元，别人报价五万元，而他自降至三万元，诱惑业主签订合同。进入施工过程中，则又以各种名目增加费用。

应对：选择施工单位时要慎重，不能只贪图便宜。要仔细审核装修报价单，不要只看最后的总价，而是要看清楚各项目的单项价格，人工、数量以及管理费等。

 ### 陷阱2 在报价单上模糊注明材料品牌及型号

利用业主对装饰材料不了解的弱点，钻品牌空子，预算报价单上所列举的价格只能购买低端产品，如果业主发现质量不佳责令更换，装饰公司则提出加价。

应对：业主必须要求装修公司在报价单或者协议上写清楚所有主材、型号和规格，且标明购买者是装修公司还是业主自己。

 ### 陷阱3 宣称"先施工，后付款"

不少公司提出"先施工，后付款"，目的在于让业主觉得合算，让业主看质量签合同，然后一旦签订装修合同后，就发现不是今天改设计加项目，就是明天变工艺加费用，如果装修款项增加不到位则肆意停工，耽误业主的宝贵时间。如果业主终止合同，另外寻求其他施工单位，则前期的工程与后续工程难以衔接，会造成施工难度增加，后续施工单位也会以此为借口增加各种施工费用。

应对：业主一定要看清楚合同内容，不能盲目签订。合同条款要全面，同时可约定装修报价单的价格浮动不能超过10%，否则由装修公司承担。

第六章

合同签订要谨慎小心

不掉入装修合同细节模糊的陷阱

签订合同的前期准备

在家庭装修的整个过程中，签合同应该说是最为重要的一步。每年有大量的家庭装修纠纷产生于合同填写不规范。所以请在签合同前做好准备。

1 思考是不是已经到达签合同的阶段

由于各方面的原因，很多业主在签合同之前往往比较仔细，节奏也比较慢；一旦面临签合同时，业主就开始急躁，希望尽快和装饰公司签合同，尽快进入施工阶段。这样的业主一般都有这样的想法：用了这么多时间和精力，就是这个吧！其实前期多用些时间，后期的烦恼才会少一些。所以这时一定要考虑清楚与装饰公司之间有关价格、材料、施工方案等是不是还有没搞清楚的地方；心里是不是还有一些疑虑，但是又说不大清楚的地方。

提示：没有进入签订装修合同的阶段千万别着急，否则后面的麻烦比前面还更多！此时留下隐患，将来出现问题，解释不清楚。

2 检查装饰公司的手续是否齐全

一个合法经营的装饰公司，营业执照是必要的。现在很多公司都开设了分支机构，对这样的公司还应该检查对方是否有法人委托书。至于人常说的资质证明，只要工程不是大得惊人，没有必要要求过高的资质等级。一般家庭装修，装饰公司有四级资质足矣。

提示：千万不要和只有一张营业执照复印件的人谈家装工程，因为无法判定其真实性。

③ 检查装饰公司的设计方案资料是否齐全

可以开始进入签订装修合同的阶段了，首先，应该检查装饰公司提供的各种资料，无论这些资料是免费的还是收费的，应该尽可能齐全。

设计图纸要齐全

一个完整的家庭装修设计方案，首先设计图纸应该齐全，它应该包括房间的平面图、立面图、吊顶图、水电图，以及现场制作的家具图等。也就是说只要有设计的部位就需要设计师给业主提供设计图，此外需要审查设计图的诸要素是否齐全，这几个要素包括图纸的尺寸与比例、选用的材料以及简单的工艺做法，如有缺项应该要求设计师补齐。

工程预算要全面

审查工程预算是否已经按照双方约定的做好，把缺项漏项在合同签订之前做好。

材料要写清

检查甲乙双方的材料一览表，对于表中的材料、种类、数量、参考价格、送达时间、验收人应该十分明确。

合同要全面

为保证家庭装修的工程质量，合同当中施工工艺的说明应该占有重要位置，而不应该像目前一些业主与装饰公司签订合同时那样，对材料重视，对工艺忽视。如果签订家庭装修合同时资料不齐全，需要开工以后再补齐，那一定会给自己留下很多隐患。

④ 预习装饰公司提供的《X市家庭居室装饰装修施工合同》

如果业主不了解这份合同的内容，就可能给自己留下隐患。所以，建议在签合同之前，先把合同拿回家看一天，心里有了底再回来与装饰公司签合同。

提示： 仔细研究合同的每一项条款，查找装饰公司的"文字陷阱"。

了解合同内容

为规范装饰市场，维护业主权益，国家工商管理部门和室内装饰协会规定了具有法律效应的标准合同。合同也就成为商业行为中最有效的法律依据。因此了解标准合同对维护自己的权益很有帮助。

1 合同中工程概况如何标明

工程概况是合同中最重要的部分，它包括工程名称、地点、承包范围、承包方式、工期、质量和合同造价。家庭装修工程可以有多种方式，如承包设计和施工、承揽施工和材料供应、承揽施工及部分材料的选购、甲方供料乙方只管施工、只承接部分工程的施工等，方式不同，各方的工作内容就不同。

2 如何明确合同双方的职责

甲 方	乙 方
家庭业主作为房屋的主人和装修后的使用者，在工程中主要承担的工作包括：向施工单位提供住宅图纸或做法说明，腾空房屋并拆除影响施工的障碍物，提供施工所需的水、电、气及电讯等设备；办理施工所涉及的各种申请、批件等手续；负责保护好各种设备、管线；做好现场保卫、消防、垃圾清理等工作，并承担相应费用；确定驻工地代表，负责合同履行、质量监督，办理验收、变更、登记手续和其他事宜，确定委托单位等	乙方的工作就是要按甲方要求进行施工。具体包括拟定施工方案和进度计划交甲方审定，严格按施工规范、安全操作规程、防火安全规定、环境保护规定、图纸或做法说明进行施工；做好质量检查记录，参加竣工验收，编制工程结算；遵守政府有关部门对施工现场管理的规定，做好保卫、垃圾处理、消防等工作，处理好与周围住户的关系；负责现场的成品保护，指派驻工地代表，负责合同履行，按要求保质、保量、按期完成施工任务

③ 合同中如何对材料供应做出规定

合同中应注明：由甲方负责提供的材料，应是符合设计要求的合格产品，并应按时运到现场；如发生质量问题由甲方承担责任。甲方提供的材料，经乙方验收后，由乙方负责保管，甲方支付保管费，如乙方保管不当造成损失，由乙方负责。由乙方提供的材料，不符合质量要求或规格有差异的，应禁止使用；若已使用，对工程造成的损失由乙方负责。

④ 合同中应如何规定工程质量验收

序 号	概 述
1	双方应及时办理隐蔽工程和中间工程的检查和验收手续，如隔断墙、封包管线等。甲方不按时参加验收，乙方可自行验收，甲方应予承认。若甲方要求复验，乙方应按要求复验。若复验合格，甲方应承担复验费用。由此造成的停工，可顺延工期。若复验不合格，费用由乙方承担，工期不应顺延
2	由于甲方提供的材料、设备质量不合格而影响的工程质量由甲方承担返工费，工期相应顺延；由乙方原因造成的质量事故返工费由乙方承担，工期不顺延
3	工程竣工后，甲方在接到乙方通知三日内组织验收，办理移交手续。未能在规定时间组织验收，应及时通知乙方，并应承认接到乙方通知三日后的日期为竣工日期，承担乙方的看管费用和相关费用

⑤ 项目预算书要详细

每一位家里准备装修的业主都知道，家装工程的报价是必不可少的。但是一个能够保护自己合法利益的家装报价是什么样的呢？这份报价应该包括项目名称、计量单位、数量、单价、合计金额，同时应该标注必要的材料品牌、型号、规格以及材料的等级。如果可能，简单的工艺做法在预算单的备注栏里也应作出标注。

6 设计图纸须齐全

在一些家庭的装修过程中，会出现设计师必要的图纸准备不齐全，仅有口头承诺的状况。于是，施工开始以后，由于设计师与业主与施工人员的沟通的问题，以及施工现场的某些复杂的因素，造成设计师画出的设计图纸与业主的理解出现矛盾。因此，在这里提醒业主，在签订合同时最好把相关的图纸准备好，即使事后图纸有所变更，也是在合同中所必备图纸的基础上，这样做对双方都有利。

7 图纸应该包括哪些必要的要素

图纸比例

我们经常看到这样的图纸，设计师画的可能是一个很漂亮的造型吊顶，可是现场制作出来以后，与设计相差甚远。其原因就是设计师没有按照设计图纸来做施工图。所以，设计图纸必须按照严格的比例来制作。

详细比例

有些设计图纸由于设计师没有在准备施工的现场做认真细致的测量，所以很多尺寸在设计时有遗漏。尤其是一些关键尺寸，如果在设计时没有掌握，有可能在施工时产生设计与施工脱节的情况。

项目材料

一份家装报价单的基础是工程的做法以及所使用的材料。所以，在设计图纸上应该标注出来主要材料的名称以及材料的品牌，这便于今后施工人员依照图纸施工。

标注工艺

在施工图纸中标注必要的制作工艺是为了约束施工人员在施工过程中偷工减料，保证业主得到一个与合同相符的质量保障。

合同中需要注意的细节

1 合同甲乙双方合同当事人的联系方式，一定要填写清楚

有的家装合同，在委托代理人、工程设计人以及施工队负责人的联系方式上都仅填写公司的电话，这是不够的，一旦工程发生问题时，找对方公司直接责任人就成为大问题。

2 "合同第九条——质量标准"

大家都认为工程质量越高越理想，但是俗话说"一分钱一分货"，所以以过低的报价选用过高的质量标准是不现实的，因此，城市的《家庭装饰工程质量验收标准》就足以满足我们大多数业主的要求了。

3 关于分阶段验收的问题

大多数家装合同把验收阶段分为隐蔽工程验收、饰面工程验收、工程竣工验收。阶段划分是正确的，各阶段具体到工程上应该有一个明确的解释，并且需要有一个明确的时间表。

4 关于家庭装修付款方式中"工程进度过半"

这个概念解释起来五花八门，有的说指工期过半，有的解释为"木工收口"等，从行业角度也难以解释，所以合同双方填写内容应是一个双方都接受的概念。

5 关于付款方式的问题

一般的装修合同，约定首付 60%，木工验收合格后交 35% 的费用，完工后交 5%。按照这样的付款形式，工期过了一半左右后，业主就已经向装修公司交了 95% 左右的费用。所以建议业主在签订合同时，把首付压到 30%，中期交 30%，这样能使业主不处于被动的局面，然后才能更好地达到预期的效果。

6 关于违约责任

家庭装修过程中甲方的违约一般是指延误工程款的支付，乙方的违约责任是指工程质量不符合要求或工程因乙方责任造成的延期。根据经验，这个违约责任的赔偿金额比例不宜过高，一般不超过 0.3%。

7 合同中还应该明确材料供应时间以及验收人

家庭装修时甲乙双方都有可能采购材料，但是什么时候采购运输到工地需要根据工程进度安排，采购的材料是否能够得到另一方的认可，需要有一个验收手续以及另一方安排好的验收人员。

装修建议

除了主合同外，通常也要再签附约。附约包括设计图及工程费用的明细。建材的内容规格等。如果业主担心装修的建材可能是从别处拆下来的半新建材，也可以在附约里特别标明对新建材的要求。

8 关于保修条款

装修的整个过程还是以手工现场制作为主，没有实现全面工厂化，所以难免会有各种各样的质量问题。在保修时间内，装修公司的责任就尤为重要了。比如出了问题，装修公司是包工包料全权负责保修，还是只包工不负责材料保修，或是有其他制约条款，这些都一定要在合同中写清楚。

装修达人的课堂提示

警惕装修合同偷换概念

家装这个行业的暴利程度是紧随房地产之后的，因此很多无良装修公司就开始趁机而入，设下各种陷阱以及霸王条款，让业主有苦说不出。很多业主在签订装修合同时，会遗漏很多小细节，而这些细节恰恰就是装修公司在装修合同中埋下的陷阱，业主只要不注意就会被陷阱套住，从而吃亏上当。

偷换责任概念免除保修责任

例如，"甲方在验收合格后的十日内未结清工程款，将失去免费保修的资格"。而《合同法》规定，发包方未按期结算工程款，承包方可通过其他多种途径来寻求救济，承包方不能借此免除其所应承担的主要责任。

应对： 合同中应明确标明在正常使用条件下，室内装修工程的最低保修期限为二年，有防水要求的厨房、卫生间和外墙面的防渗漏为五年，不能因为任何原因而免除保修。

加额外条款蒙骗业主

例如，"合同实施过程中，甲方如对合同中已确定的工程项目提出减项，须向乙方支付该项目预算款的10%作为减项费"。而据《合同法》规定，这属于强加给发包方的责任，违背了权利义务相一致原则。

应对： 合同中除正文外，所有附加条款都要双方商量确认后方可签字。不能额外要求其他费用。

工期预付款套牢业主

例如，"支付次数，第一次，开工前三日，支付60%；第二次，工程进度过半，支付35%及工程变更款"。这一做法没按《合同法》规定办，工程进度过半没有确切的定义，若出现了质量问题，产生争议，业主也处于被动地位。

应对： 中期款可明确为木工验收合格后缴纳。但是如果按照这样的付款形式的话，在工期过了一半左右后，您就已经向装饰公司交了95%左右的费用，如果装修的后期出了什么问题的话，就很难在钱上面制约装饰公司了。所以建议在签订合同的时候，能把首付压到30%，中期再交纳30%。

将纳税义务转嫁给业主

例如，"本合同中所标明的合同价格未含税金，如业主需要开发票另加税额"。根据《业主权益保护法》《税收征收管理法》规定，制定上述合同条款的承包方有故意逃避国家税收的嫌疑。

应对： 在合同的首页要包括所有的税金、管理费等。

工期规定暗藏猫腻

例如，"工期自开工之日起60个工作日竣工"。根据《建筑装饰工程施工合同（示范文本）》的解释："工期应为协议条款约定的按日历总天数（包括一切法定节假日在内）计算的工期天数。"

应对： 合同中工期要明确为天数而非工作日，同时和装修公司索要装修进度表，定期去看工程进度是否按照进度表进行，以保证不拖延工期。

验收标准不一

例如，"工程质量标准：按照设计图纸和施工说明及有关规定进行验收"。专家认为，这实际上指由业主自己组织验收。

应对： 实际上，目前已经有装修行业验收的国家标准（GB）、行业标准，建议签订合同前业主应当熟悉验收标准，将具体的验收标准文件名称写入合同中。

室内环境质量不写入合同有隐患

90%的合同没有对室内环境质量（如空气等）确定具体标准。根据《住宅室内装饰装修管理办法》规定：装修人委托企业对住宅室内进行装饰装修的，装饰装修工程竣工后，空气质量应当符合国家有关标准。

应对： 合同中应写明装修人可以委托有资格的检测单位对空气质量进行检测。检测不合格的，装饰装修企业应当返工，并由责任人承担相应损失。

第七章

精打细算选材料

不掉入材料选购"无知"的陷阱

装饰材料的了解

室内装饰材料是指用于建筑物内部顶面、地面、墙面、柱面等的材料。现代室内装饰材料，不仅能改善室内环境，给人以美的感受，同时还兼有绝热、防潮、防火、吸声、隔声等多种功能。而近年来新推出的室内装饰材料，更加入了"绿色环保"的理念。

1 室内装饰材料的种类

室内装饰材料的种类繁多，按照装饰部位分类有顶面装饰材料、地面装饰材料、内墙装饰材料、外墙装饰材料等。按照材质分类有石材、木材、无机矿物、涂料、织物、塑料、金属、陶瓷、玻璃等。按照功能分类有吸声材料、隔热材料、防水材料、防潮材料、防火材料、防霉材料、耐酸碱材料、耐污染材料等。

2 室内装饰材料的选择

地域与气候

不同的地域有着不同的气候条件，特别是温度、湿度等，对材料的选择有极大的影响。我国南北方的气候存在着明显的差异。

差别一	差别二
南方地区气候潮湿，应当选用含水率低、复合元素多的装饰材料。南方地区气候炎热，还应多选择一些有冷感的材料。而北方地区则正好相反，地面装饰多采用实木地板、复合木地板、塑料地板、地毯等，其热传导低，让人感到温暖舒适。	绿、蓝、青、紫等属于冷色调，给人清凉的感觉；橙、红、黄等则属于暖色调，给人温暖的感觉。在南方地区，材料的颜色应以冷色调为主；相反，北方地区应以暖色调为主。

空间与装饰部位

不同的空间有着不同的使用功能，如客厅、卧室、餐厅、厨房、卫生间等，对装饰材料的选择也有不同的要求。不同的装饰部位，对材料的选择也不同，如电视墙、玄关、立柱、墙面、地面、顶面等。客厅等宽大的空间，装饰材料的表面可粗犷坚硬，选择大线条的图案。餐厅的材料应具有耐磨、耐擦洗、质感坚硬而表面光滑等特性。

室内居住环境中面积较大的空间，可以采用深色调和有较大图案的材料来装饰，避免给人空旷的感觉；而面积较小的空间，则宜采用浅色调、质感细腻和能拉大空间效果的材料。

标准与功能

室内装饰材料的选择还应考虑空间环境的标准与功能要求。根据室内空间对隔声、隔热、防水、防火等标准的不同，室内装饰材料的选择也要具备相应的功能需要。

经济性

从经济性的角度考虑选择装饰材料，这是一个整体观念，既要考虑到装修时的投资，也要考虑日后的维修费用以及维修的方便。在重要装修项目上，可以考虑大投资，延长使用年限，如隐蔽工程中的水路、电路，材料的质量和安全要求相当高，对此就应该加大投资，使用高质量符合国家标准的管线等材料。

 装修建议

装修时，必须注意装修材料的防火问题。许多家庭失火就是由装饰材料的可燃性不过关引发的。选购材料时应加倍注意，特别是吊顶材料及厨房材料更应仔细选择。当前市场上对装饰材料的可燃性尚没有统一的要求，在选择时就得了解其可燃性，以保证安全。

绿色环保材料

追求无毒、无害、无污染的生存环境已成为当今人们生活的主流趋势。一般人认为，绿色环保装修就是指装饰材料无污染，花高价买优质型材即可解决污染问题。其实不然，高档型材的污染因素因价格攀升固然有所降低，但在装饰装修过程中影响环保的因素还有很多，基本可分为设计环保、施工环保及材料环保。

① 设计环保

设计环保是指装饰公司的设计师在设计方案时所构思的环保形态，将普通家居变为更加生态、怡人，能够让人感受到自然的气息，从而达到愉悦身心的目的。

例如： 注意空气流通，不要在门窗附近设计隔断物，以免阻隔空气流通，对于厨房、卫生间，要设计排风系统；再就是采光、布灯、色彩等的搭配应合理；家具、装饰品等的摆放要符合人的需求。精明的设计师还会在居室最恰当的位置设计"室内庭园"，山水花竹尽显姿色，给人一种身居自然的轻松感受，陶冶生活情趣，烘托家庭氛围。

整体设计简洁大方更符合现代人的生活理念。

2 施工环保

施工队在施工过程中应严格按照施工工艺、流程标准施工，所采取的方法、步骤井然有序，尤其是在关键细部不能因工程量小而忽略。粗略的施工工艺容易造成不必要的重复和材料浪费，甚至给日后的生活造成诸多不便。

破坏楼房整体承重

拆墙打洞，破坏楼房整体承重，特别是承重墙，无论改动大小，都会削弱承载力；楼上铺地板，楼下装吊顶，一层楼面遭遇上下两面破坏。

楼上的用户在铺设地面时，用锯子、凿子把原地面凿毛，在铺设时又使用过多砂浆，加大了楼板的载荷。楼下的用户装吊顶，吊顶又随意打孔、开洞，楼板遭此两次折磨，此后的隔声、防漏性能自然大打折扣。

私改管线留下安全隐患

楼房管线是按安全要求来定位的，一般而言，水、暖气、燃气管道都是明管。但不少人为了美观擅自拆改管线，不仅影响了水、电、气的正常运行，安全隐患也极大，即使短期内不出什么事故，也会影响房屋的后期使用安全。

噪音污染

在装饰工程进行时，一定要降低装修噪声，为邻居营造一个良好的生活环境。

3 材料环保

绿色装饰材料是指在其生产制造和使用过程中既不会损害人体健康，又不会导致环境污染和生态破坏的健康型、环保型、安全型的室内装饰材料。

一般装饰材料中大部分无机材料是安全和无害的，如龙骨及配件、普通型材、地砖、玻璃等传统装饰材料。但有机材料中部分化学合成物对人体有一定的危害，它们大多为芳香烃，如苯、酚、醛等及其衍生物，具有浓烈的刺激性气味，可导致人们生理和心理的不适和疾病。

应对：在选择装饰材料时，最好选择通过 ISO9000 系列质量体系认证或有绿色环保标志的产品。尽量选用中国消费者协会推荐的绿色产品，国家卫生部门检验合格的产品，这样更可以放心使用。

4 绿色装修费用不一定高

现代人除了对居室自然、舒适的追求外，也逐渐由唯美倾向于实用、质朴，这种倾向体现在室内装修设计上就是简洁。

1.设计简洁使居室舒适开阔，视觉冲击力强，同时降低了造价。

2.装修中保证室内空气流通，无须增加费用，减少了隔断物，就能降低造价。

3.装修中充分利用自然光源、合理布置灯具，既节约能源又减少电费支出，降低使用成本。

4.绿色环保装饰材料并非一定价格高，如水性涂料。即使有些价格偏高，也是一次性投入，与引发疾病损害相比，利弊一目了然。

5.色彩的合理搭配。居室中任何一部分造型语言都应本着统一中有变化的原则进行，统一的色彩绝对比五光十色、眼花缭乱的搭配花钱更少。

6.减少使用消耗，有投入，也有回报。如4L坐便器比9L坐便器贵，但这是一次性的投入，日后它每次节省5L水的回报则是长期的。

7.使用防菌瓷砖减少细菌、霉菌、真菌等微生物污染，这些看似无明显效果，但它对环境和对人的身体健康十分有益。

 装修提示

做装修设计一定要仔细考虑各个环节，尽量一次定夺，避免装修过程中再进行修改，造成一些不必要的浪费。有些设计师为了提高造价，往往怂恿消费者增加很多不实用增项，所以一定要把好设计关，应提倡简约、实用的设计原则，简约装修不仅减少浪费，还可以减少污染，因为装修材料用得越多，污染程度越高。

❺ 装饰材料主要污染元素

名称	特性	主要危害	主要来源	相关标准
甲醛	无色刺激性气体	可引起恶心、呕吐、咳嗽、胸闷、哮喘甚至肺气肿；长期接触低剂量甲醛，可以引起慢性呼吸道疾病、女性月经紊乱、妊娠综合征，引起新生儿体质降低、染色体异常，引起少年儿童智力下降；甲醛含量过高，使人产生白血病	夹板、大芯板、复合木地板、板式家具等含有添加甲醛产品，塑料壁纸、地毯等大量使用胶粘剂的环节	《室内空气质量标准》规定居室甲醛浓度小于或等于0.08毫克/立方米
苯系物	室内挥发性有机物，无色有特殊芳香气味	致癌物质，轻度中毒会造成嗜睡、头痛、头晕、恶心、胸部紧束感等，并可有轻度黏膜刺激症状。重度中毒可出现眼睛模糊、呼吸浅而快、心律不齐、抽搐和昏迷	合成纤维、油漆、各种油漆涂料的添加剂和稀释剂、各种溶剂型胶粘剂、防水材料	《室内空气质量标准》规定居室内浓度小于或等于：苯0.11毫克/立方米，甲苯0.20毫克/立方米，二甲苯0.20毫克/立方米
氨	一种无色有强烈刺激性臭味的气体	短期内吸入大量氨气后出现流泪、咽痛、声音嘶哑、咳嗽、痰中带血丝、胸闷、呼吸困难，可伴有头晕、头痛、恶心、呕吐、乏力等，严重可发生肺气肿、成人呼吸窘迫综合征	北方少量建筑施工中使用的不规范混凝土抗冻添加剂引起，南方地区较少见	《室内空气质量标准》规定居室内浓度≤0.2毫克/立方米
氡	放射性惰性气体，无色、无味	容易进入呼吸系统，逐步破坏肺部细胞组织，形成体内辐射，是继吸烟外第二大诱发肺癌的因素	土壤、混凝土、砖沙、水泥、石膏板、花岗岩所含放射性元素	《室内空气质量标准》规定居室内浓度≤400贝可/立方米
石材放射性	无色、无味、无形，很难描述其特征	主要为镭、钾、钍三种放射性元素在衰变中产生的放射性物质。会造成人体内的白细胞减少，可对神经系统、生殖系统和消化系统造成损伤，导致癌症	各种石材包括天然花岗岩、大理石及地砖等。其中以花岗岩的放射性最大	国家相关标准将其分为A、B、C三类，规定只有A类产品可用于写字楼和居室内

装修必备建材

1 装饰石材

　　石材是家居中常见的装修材料，大多用于客厅、餐厅、厨房、卫浴的地面、墙面等。石材除了是装修材料，还是良好的装饰材料。例如在客厅、餐厅的主题墙，用几块石材点缀一下，可能会营造出另外一种效果。并且，石材是一种坚固的、不腐朽的、不受时间影响的材质，用于室内装修最合适不过了。

类　别	优　点	缺　点
花岗岩	具有良好的硬度、抗压强度好、耐磨性好、耐久性高、抗冻、耐酸、耐腐蚀、不易风化等特性	接缝处容易隐藏污垢，要注意施工工人的接缝水平
大理石	不变形、硬度高、寿命长、不会出现划痕、不磁化	天然大理石有辐射，沾水后会非常滑
人造石材	耐磨、耐酸、耐高温，抗冲、抗压、抗折、抗渗透，表面没有孔隙，油污、水渍不易渗入其中，抗污力强	色调单一，缺少真实感，相对天然石材价格上比较贵

装修提示

　　石头具有冰冷坚硬的特点，稍不留神，业主便会将石饰的色调运用过冷。以浴室设计为例，有些业主要求用黑色的大理石打造卫浴间的地面和墙体，再用同样的石头砌成浴缸。在这种情况下，卫浴间就显得过冷。因此，同一色系的石材最好不要大面积地使用。

如何挑选石材

看外观

优质装饰石材的外观完全没有或有少许缺棱、缺角、裂纹、色斑等质量缺陷，缺陷越多，则质量级别越低，价格也越便宜。在选购时，应检查同一批次石材的花纹、色泽是否一致，不应有很大色差，否则会影响装饰效果。

摸质地

可用手米感觉石材表面光洁度，纯天然石材应表面冰凉刺骨，纹理清晰，抛光平整，无裂纹。

一般来说优质大理石的抛光面具有镜面一样的光泽和手感，能清晰地映出景物。

签订合同细节

在购买石材产品前一定要与供应商签订产品购销合同或索要发票，明确产品的名称、规格、等级、数量、价格等标的内容及质量保证条款。

用尺测量

优等品的板材长、宽偏差小于 1 毫米、厚度小于 0.5 毫米、平面极限公差小于 0.2 毫米、角度误差小于 0.4 毫米。

查阅产品的检测报告

作为一种天然物质，放射性核素铀、镭、钍等也是石材的成分之一。优质天然石材应具备石材放射性检测合格报告，业主可向销售商索取核实。

2 陶瓷墙地砖

砖材，常被用于地面与墙面，虽然它不能成为家居空间的主角，却是家居空间里不可或缺的重要部分。近年来，随着烧制技术的不断提升，人们对家居设计要求的不断提高，砖材的应用也越来越受大众的关注。

釉面砖

釉面砖又称为陶瓷砖、瓷片或釉面陶土砖，主要用于厨房、卫浴等墙面和地面，具有易清洗和装饰美观的效果。

类 别	优 点	缺 点
陶制釉面砖	由陶土烧制而成，背面为红色，适合于制造"干净"的效果	吸水率较高，强度相对较低
瓷制釉面砖	质地紧密、美观耐用、易于保洁、孔隙率小、膨胀不显著。现主要用于墙地面的铺设	冷却时，砖面会龟裂

抛光砖

抛光砖就是通体坯体的表面经过打磨而成的一种光亮的砖种，是通体砖的一种。相对于通体砖的表面粗糙而言，抛光砖外观光洁，质地坚硬耐磨。通过渗花技术可制成各种仿石、仿木效果，主要适用于墙面和地面。

类 别	优 点	缺 点
渗花型抛光砖	生产工艺简单	如果没做防污处理，会出现渗污现象，很难清洗
微粉砖	吸水率低、防渗透的能力强	花色简单、单调
多管布料抛光砖	花色纹路自然、能替代大理石	选择余地比较小，只有很少数厂家生产
微晶石	不渗脏东西，吸水率基本等于零	不耐磨

马赛克

马赛克经过现代工艺的打造，在色彩、质地、规格上都呈现出多元化的发展趋势，而且品质优良。一般由数十块小瓷砖拼贴而成。小瓷砖形态多样，有方形、矩形、六角形、斜条形等，形态小巧玲珑，具有防滑、耐磨、不吸水、耐酸碱、抗腐蚀、色彩丰富等特点，主要用于厨房、卫生间等部位重点装饰。

类 别	优 点	缺 点
陶瓷马赛克	这类马赛克是应用最广、最传统的马赛克，造型小巧	色调较少、比较单调，档次较低
大理石马赛克	比传统的陶瓷马赛克品种更丰富，色彩更加多样	防水性较差，抗酸碱腐蚀性能较弱
玻璃马赛克	色彩最丰富的马赛克品种，晶莹剔透、色彩斑斓，化学稳定性和冷热稳定性好	由于其施工技术要求高，很容易出现产品特差大、表面下凹的缺陷
金属马赛克	由金属材料制成，是马赛克中的奢侈品	反光效果差，而且色彩单一，大多为原材料本色

装修提示

卫生间是最常用到马赛克的地方。马赛克的反光作用和丰富色彩能给人跳跃和波动的情绪，因而对于需要营造宁静、放松氛围的卫生间来说，不能选用跳跃或者鲜艳的色彩。马赛克最好用于点缀一面墙，避免整个卫生间都是马赛克。

如何挑选陶瓷墙地砖

从外观上看

瓷砖的釉面均匀、平整、光洁、亮丽、色泽一致者为上品；表面有颗粒、不光洁，颜色深浅不一、厚薄不均甚至凹凸不平、呈云絮状者为次品。选购时应从包装箱内拿出多块砖，放在地面上一一对比。

用尺测量

质量好的地砖规格大小统一、厚度均匀、边角无缺陷、无凹凸翘角等，边长的误差不超过 0.2 ~ 0.3 厘米，厚薄的误差不超过 0.1 厘米。

用耳听

选购时可用手指垂直提起陶瓷砖的边角，让瓷砖轻松垂下，用另一手指轻敲瓷砖中下部，声音清亮明脆的是上品，而声音沉闷混浊的是下品。

做实验

选购时可将瓷砖背部朝上，滴入少许清水，如果水渍扩散面积较小则为上品，反之则为次品。优质陶瓷砖密度高，吸水率低，而低劣陶瓷砖密度低，吸水率高。

查阅产品的检测报告

向商家索取相关质量检测报告，其放射性应控制在国家标准范围内。

装修提示

业主在选择瓷砖时，通常会注意到瓷砖的外包装上有标明等级，但是很少会知道这等级也有文章可做。现在瓷砖生产厂家对于等级的划分并不规范，有些厂家一级品就是优等品。因此，买瓷砖时最好问清商品品牌厂家的等级划分。但通常，优等品是最好的，一级品、二级品次之。有些不良商家，会将一级品、二级品冒充优等品出售，售价自然高了很多，因此消费者要特别小心切勿上当。

③ 装饰板材

　　在室内装饰装修中，板材的应用量是最大的，一般用于制作吊顶、家具、橱柜、造型等。装饰板材的种类也很多，但各种板材内或多或少都有对人体有害的物质，在提倡"绿色环保"装修的今天，我们应该学会控制和合理使用装饰板材。

类　别	优　点	缺　点
细木工板	具有规格统一、加工性强、不易变形、可粘贴其他材料等特点，是室内装饰装修中常用的木材制品	怕潮湿，施工中应注意避免用在厨房和卫生间
薄木贴面板	具有花纹美观、装饰性好、真实感强、立体感突出等特点。应用较广泛，如吊顶、墙面、家具、橱柜、装饰造型等	不吸潮
胶合板	由于胶合板有变形小、施工方便、不翘曲、横纹抗拉力学性能好等优点，主要用于木质制品的背板、底板等	容易出现鼓泡、局部开胶
纤维板	板面平滑细腻，容易进行各种饰面处理，尺寸稳定性好，芯层均匀，厚度尺寸规格变化多，价格便宜	时间用不长，一旦受潮就会变形
刨花板	表面平整、纹理逼真、耐污、耐老化、环保系数高、隔声、隔热	不易于造型，裁板时容易造成暴齿的现象，不宜现场制作
防火板	耐高温，耐撞击，耐溶剂性，耐水性、耐药品性、耐焰性好，不易老化。防火板表面光泽，透明性好	时尚感较差，难以实现立体、凹凸等效果
铝塑板	其表面经过特种工艺喷涂一层塑料，色彩艳丽丰富，长期使用不褪色、不变形，尤其是防水性能较好	硬度没有铝板高

类　别	优　点	缺　点
PVC 扣板	隔热、保温、防潮、阻燃、施工简便、耐腐蚀、易清洗消毒、坚固性能和耐冲击性能高、防水、不渗水、无毒、防霉变	缺乏个性，变化较少
铝扣板	耐久性强，不易变形、不易开裂、防火、防潮、防腐、抗静电、吸声、隔声、美观、耐用	版型款式少
石膏板	具有防火、隔声、隔热、轻质、高强、收缩率小等特点，且稳定性好、不老化、防虫蛀、施工简便	遇水易膨胀、泛色。可根据使用环境选择不同类型的石膏板

如何挑选板材

细木工板

用手触摸，如感觉到有毛刺扎手，则表明质量不高。闻一闻是否有强烈刺激性气味，如果气味刺鼻，说明甲醛释放量较多。再就是用尖嘴器具敲击板材表面，听一下声音是否有很大差异，如果声音有变化，说明板材内部存在空洞。

薄木贴面板

观察贴面厚薄程度，越厚的性能越好。表面应光洁、无明显瑕疵、无毛刺沟痕和刨刀痕。要选择甲醛释放量低的板材，可用鼻子闻，气味越大，说明甲醛释放量越高，污染越厉害，危害性越大。

胶合板

胶合板要木纹清晰，正面光洁平滑，不毛糙，要平整无滞手感。不应有破损、碰伤、硬伤、节疤等疵点。双手提起胶合板一侧，感受板材是否平整、均匀、无弯曲起翘。

纤维板

纤维板应厚度均匀，板面平整、光滑，没有污渍、水渍、粘迹。用手敲击板面，声音清脆悦耳、均匀的纤维板质量较好。注意甲醛释放量是否超标。

刨花板

注意厚度是否均匀，板面是否平整、光滑，有无污渍、水渍、胶渍等。

防火板

购买时需注意防火板的质量，劣质防火板一般具有色泽不均匀、易碎裂爆口、花色简单的特点。

铝塑板

看铝塑板的表面是否平整光滑、无波纹、无鼓泡、无疵点、无划痕。随意掰下铝塑板的一角，如果易断裂，则慎重购买。

PVC 扣板

外表要美观、平整，色彩图案要与装饰部位相协调。用手折弯不变形，富有弹性，用手敲击表面声音清脆，说明韧性强，遇有一定压力不会下陷和变形。

铝扣板

铝扣板质量好坏不全在于薄厚，而在于铝材的质地。拿一块样品反复掰折，看它的漆面是否脱落、起皮。好的铝扣板漆面只有裂纹，不会有大块油漆脱落。

石膏板

检查石膏板的弹性，用手敲击，发出很实的声音说明石膏板严实耐用；如发出很空的声音说明板内有空鼓现象，且质地不好。用手掂分量也可以衡量石膏板的优劣。另外购买时应重点查看质量等级标志。装饰石膏板的质量等级是根据尺寸允许偏差、平面度和直角偏离度划分的。

④ 装饰木地板

在室内装饰装修中，地面铺设地板已成为室内装饰装修的重头戏。地面过硬会使人脚感不舒适，磨损量大的公共场所为了保证地面耐磨寿命，不得不选用较硬的地面材料，而居室等生活区选用弹性较好的木地板，不但使脚感舒适，而且可大大降低对楼板的撞击噪声，从根本上解决了噪声超标问题，使居室更温馨、安宁。

实木地板

实木地板是采用天然木材，经加工处理后制成条板或块状的地面铺设材料。基本保持了原料自然的花纹，脚感舒适、使用安全是其主要特点。

如何挑选实木地板

挑选板面、漆面质量

选购时关键看漆膜光洁度，有无气泡、漏漆以及耐磨度等。

检查基材的缺陷

看地板是否有死节、活节、开裂、腐朽、菌变等缺陷。由于木地板是天然木制品，其客观上存在色差和花纹不均匀的现象。如若过分追求地板无色差，是不合理的，只要在铺装时稍加调整即可。

识别木地板材质

有的厂家为促进销售，将木材冠以各式各样不符合木材学的名称，如樱桃木、花梨木、金不换、玉檀香等名称；更有甚者，以低档充高档，消费者一定不要为名称所惑，要弄清材质，以免上当。

观测木地板的精度

一般木地板开箱后可取出 10 块左右徒手拼装，观察企口咬合，拼装间隙，相邻板间高度差，若合缝严密，手感无明显高度差即可。

测量地板的含水率

国家标准规定木地板的含水率为 8% ~ 13%，我国不同地区含水率要求均不同。一般木地板的经销商应有含水率测定仪，如无则说明对含水率这项技术指标不重视。购买时先测展厅中选定的木地板含水率，然后再测未开包装的同材种、同规格的木地板的含水率，如果相差在 2% 以内，可认为合格。

注意销售服务

最好去品牌信誉好、美誉度高的企业购买，除了质量有保证之外，正规企业都对产品有一定的保修期，凡在保修期内发生的翘曲、变形、干裂等问题，厂家负责修换，可免去消费者的后顾之忧。

复合木地板

复合木地板是 20 世纪 90 年代后才进入中国市场的，它由多层不同材料复合而成，其主要复合层从上至下依次为：强化耐磨层、着色印刷层、高密度板层、防震缓冲层、防潮树脂层。

复合木地板由于工序复杂，配材多样，具有耐磨、防潮、防烫、易铺装（无需龙骨）、易保养、价格低廉等优点，成为年轻人消费的首选。

如何挑选复合木地板

观察表面质量是否光洁

复合木地板的表面一般有沟槽型、麻面型和光滑型三种，本身无优劣之分，但都要求表面光洁无毛刺。

地板厚度

目前市场上地板的厚度一般在 6 ~ 18 毫米，选择时应以厚度厚些为好。厚度越厚，使用寿命也就相对长一些，但同时要考虑家庭的实际需要。

掂量地板重量

地板重量主要取决于其基材的密度，基材决定着地板的稳定性，以及抗冲击性等诸项指标，因此基材越好，密度越高，地板也就越重。

测量吸水后膨胀率

此项指标在 3% 以内可视为合格，否则地板在遇到潮湿，或在湿度相对较高、周边密封不严的情况下，就会出现变形现象，影响正常使用。

甲醛含量

　　按照欧洲标准，每 100 克地板的甲醛含量不得超过 9 毫克，如果超过 9 毫克属不合格产品。

检测耐磨转数

　　这是衡量复合木地板的一项重要指票。一般而言，耐磨转数越高，地板使用的时间越长，复合木地板的耐磨转数达到 1 万转为优等品，不足 1 万转的产品，在使用 1 ~ 3 年后就可能出现不同程度的磨损现象。

查看正规证书和检验报告

　　选择地板时一定要弄清商家有无相关证书和质量检验报告。如 ISO9001 国际质量认证证书、ISO14001 国际环保认证证书，以及其他一些相关质量证书。

注重售后服务

　　强化复合木地板一般需要专业安装人员使用专门工具进行安装，因此一定要问清商家是否有专业安装队伍，以及能否提供正规保修证明书和保修卡。

⑤ 装饰墙纸与墙布

　　墙纸、墙布是由设计师创意并由工艺师制作完成的，具有工艺审美与个性风格的潮流化产品。它能最方便快捷地改变墙面风格与气氛，使环境变得生动丰富。就如一个普通女孩若有条件打扮一番，就会光彩夺目。它是相对经济的提升环境档次的方法，逐渐成为业主装饰墙面的首选。

墙纸

装饰墙纸是以优质木浆纸为基层，以聚氯乙烯塑料为面层，经印刷、压花、发泡等工序加工而成。装饰墙纸品种繁多、色泽丰富，图案变化多端，有仿木纹、石纹、锦缎的，也有仿瓷砖、黏土砖的，在视觉上可达到以假乱真的效果。

类　别	优　点	缺　点
纸面墙纸	基底透气性好，不变色、不鼓包，价格便宜	不耐水、不耐擦洗
塑料墙纸	品种繁多，色泽丰富，图案变化多端。适用于室内墙裙、客厅和楼内走廊等小面积装饰	容易开缝、不透气
纺织墙纸	具有色泽高雅、质地柔和、手感舒适和弹性好的特性	容易挂灰、不易清理维护
天然材料墙纸	具有阻燃、吸声、散潮、装饰风格自然的特点	对施工要求较高
金属膜墙纸	无毒、无气味、无静电，耐湿、耐晒、可擦洗、不褪色	价格较贵

墙布

墙布也称壁布，可直接贴于墙面，基层衬以海绵，可作墙面软包材料。墙布是采用天然的棉麻纤维，或涤纶、腈纶合成纤维布作为基材，表面涂上聚乙烯或聚氯乙烯树脂，经印花而成的。其质感好、透气，用它装饰居室，给人以高雅、柔和、舒适的感觉。

类　别	优　点	缺　点
玻璃纤维印花墙布	花色品种多，色彩鲜艳，不易褪色、不易老化、防火性能好、耐潮性强、可擦洗	易断裂老化。涂层磨损后，散出的玻璃纤维对人体的皮肤有刺激性
织物墙布	色彩鲜艳、表面光洁、有弹性、挺括、不易折断、不易老化，对皮肤无刺激性，有一定的透气性和防潮性，可擦洗而不褪色	表面容易起毛，又不能擦洗
纯棉墙布	强度高、静电小、蠕变性小、无光、无味、吸声、花型繁多、色泽美观等特点，适用于抹灰墙面、混凝土墙面、石膏板墙面、木质板墙面、石棉水泥墙面等基层的粘贴	表面易起毛，不能擦洗
化纤墙布	新颖美观，色彩调和，无毒无味，透气性好，不易褪色	基布结构疏松，如墙面有污渍时便会透露出来，所以宜布置在卧室等灰尘少的地方
锦缎墙布	花纹艳丽多彩、质感光滑细腻。是更高级的一种	价格昂贵，对裱糊的技术工艺要求很高

 装修提示

挑选墙布的时候，首先要对墙布的类型和与房间的搭配有个大概的了解。由于卧室、客厅等各自的用途不一样，最好选择不同的墙布，以达到与家具和谐的效果。另外还要注意表面不要有抽丝、跳丝等现象。

如何挑选墙纸墙布

看整体效果

从整体上看，好的墙纸、墙布应看上去自然、舒适且立体感强。配色逼真、柔和、协调，套色也很精确，耐磨度和色牢度也强。从细节观察，图案是否精致而且有层次感，色调过渡是否自然，对花准不准，是否存在色差、死折、气泡等。

摸质地

用手摸其表面，感觉质地。关键点是触摸其图案部分，看看图案的实度是否均匀。再对比整幅墙纸、墙布的左右厚薄是否一致，质地均匀贴完后的效果才会好。

闻气味

贴近样本或产品，闻闻是否有明显的化学品怪味。如只有轻微的类似酒精味的味道，可放心选用。如气味较重则甲醛、氯乙烯单体等挥发性物质含量可能较高。

看易清洗程度

可以裁一块墙纸、墙布小样，用湿布擦拭纸面，看看是否有脱色的现象。

装修提示

在计算墙纸、墙布的用量时，应将窗户的面积也算进去。因为在铺贴时，墙纸、墙布的边缘不可能与窗户的边框完全重合，必然会裁切一部分，这一部分很可能就无法再使用了，属于损耗。

⑥ 装饰涂料

涂料，是改变室内色彩最简单的方法。涂料除了具有千变万化的颜色外，还可以通过与各种涂刷工具的配合，做出仿石材、布纹等效果的样子。涂料不仅可以通过色彩营造家居空间的氛围，还可以调整室内湿度、消除异味、防水、防菌，使得家居空间更健康环保。

室内涂料小常识

类　别	优　点	缺　点
低档水溶性涂料	价格便宜、无毒、无臭、施工方便	涂层受潮后容易剥落，属低档内墙涂料
乳胶漆	属中高档涂料，耐水、耐碱、耐洗刷，涂层受潮后决不会剥落	色彩少，装饰效果一般
多彩涂料	目前十分流行的涂料，一次喷涂可以形成多种颜色花纹	时间久了会褪色
仿瓷涂料	装饰效果细腻、光洁、淡雅，价格不高	施工工艺繁杂

防水涂料小常识

类　别	优　点	缺　点
溶剂型防水涂料	干燥快，储存稳定性较好	施工时需常通风
水乳型防水涂料	无毒、不燃，生产、贮存、使用比较安全；操作简便，不污染环境	干燥较慢，一般不宜在5℃以下施工
反应型防水涂料	涂膜较厚，无收缩，涂膜致密	需要现场按一定比例搅拌均匀，这样才能确保质量，价格较贵

乳胶漆的小常识

类 别	优 点	缺 点
水溶性内墙乳胶漆	无火灾隐患，易于涂刷、干燥迅速，耐水、耐擦洗性好，色彩柔和、透气性好	施工时需常通风
溶剂型内墙	有较好的厚度、光泽、耐水性、耐碱性	潮湿基层上施工易起皮、起泡、脱落
通用型乳胶漆	手感跟丝绸缎面一样光滑、细腻、舒适，侧面可看出光泽度	基层稍有不平，光打上去就会显示出光泽不一致
抗污乳胶漆	具有一定抗污功能，对一些水溶性污渍，例如水性笔、手印、铅笔等都能轻易擦掉，一些油渍也能借助清洁剂擦掉	对一些化学性物质如化学墨汁等，就无法擦掉恢复原样
抗菌乳胶漆	具有涂层细腻丰满、耐水、耐霉等特点，还有抗菌功能	价格较贵
纳米乳胶漆	具有耐洗刷性、自洁功能、净化空气、有效地杀灭或抑制细菌的繁殖	价格较贵

木器漆类别

类 别	优 点	缺 点
清漆	风格自然、纯朴、典雅、干燥快、光泽柔和	工期较长、耗费工时
硝基漆	施工简便，干燥迅速，具有较好的硬度和亮度	使用时间稍长就容易出现失光，高湿天气易泛白
聚酯漆	对环境污染较小、坚硬耐磨，耐湿热、干热，保光保色性能好，具有很好的保护性和装饰性	易使漆面变黄

如何挑选涂料

防水涂料

　　要注意真正的环保防水材料应有国家认可的检测中心所检测核发的产品检测报告和产品合格证。在选购防水材料时，还应留意产品包装上所注明的产地。进口品牌产品的包装上，产地一栏会详细地注明由某某公司生产；而假冒产品则一般只注有出口地，没有涉及生产公司。

乳胶漆

●**用鼻子闻。**当闻到刺激性气味或工业香精味，就应慎重选择。

●**用眼睛看。**放一段时间后，正品乳胶漆的表面会形成一层厚厚的膜，不易裂；而次品只会形成一层很薄的膜，易碎，且具有辛辣气味。

●**用手感觉。**用手指摸，正品乳胶漆应该手感光滑、细腻。

●**耐擦洗。**可将少许涂料刷到水泥墙上，涂层干后用湿抹布擦洗。高品质的乳胶漆耐擦洗性很强，而低档的乳胶漆只擦几下就会出现掉粉、露底等褪色现象。

●**尽量到正规商店或专卖店去购买。**在选购时要认清商品包装上的标识，特别是厂名、厂址、产品标准号、生产日期、使用说明等。

木器漆

●**选择知名厂家的产品。**油漆的生产与制造是一项对技术、设备、工艺有严格要求的整体工程。一般知名厂家生产的产品还是有质量保证的。

●**小心"绿色陷阱"。**目前市场上各种"绿色"产品铺天盖地，但实际上只有同时通过国标强制性认证标准和中国环境标志产品认证才是真正的绿色产品。

●**不要贪图价格便宜。**有些厂家为了降低生产成本，没有认真执行国标标准，有害物质含量大大超过标准规定。如三苯含量过高，它可以通过呼吸道及皮肤接触，使身体受到伤害。

7 装饰门窗

在经济迅速发展的同时，环境日益恶化，雾霾烟尘也遮蔽了蓝色的天空。所以在选择家居门窗的时候，业主不仅仅只关注门窗的造型，同时更加关注门窗的密闭性，防止灰尘进入家中，吸入鼻腔内，给人身体带来慢性危害。

木门

类 别	优 点	缺 点
实木门	不变形、耐腐蚀、无裂纹、隔热保温；吸音和隔音	价格一般是由其木材用料及纹理来决定的
实木复合门	重量较轻，不易变形、开裂；有保温、耐冲击、阻燃等特性	容易破损、怕水，价格相较于实木门要贵
模压木门	模压木门价格经济实惠，且安全方便	门板内是空心的，隔音效果相对实木门差些，并且不能遇水

如何挑选木门

实木门

看门的厚度，用手轻敲门面，若声音均匀沉闷，则说明该门质量较好。一般木门的实木比例越高，这扇门就越沉。

实木复合门

要注意查看门扇内的填充物是否饱满，门边刨修的木条与内框连接是否牢固。装饰面板与框黏结应牢固，无翘边、裂缝；板面平整、洁净；无节疤、虫眼、裂纹及腐斑；木纹清晰、纹理美观。

模压木门

注意其贴面板与框连接应牢固，无翘边、裂缝；门扇边刨修过的木条与内框连接应牢固；板面平整、洁净，无节疤、虫眼、裂纹及腐斑，木纹清晰、纹理美观。

塑钢门窗

类 别	优 点	缺 点
推拉窗	1.对型材惯性矩要求低，有利于合理缩小型材截面，节约造价。 2.开启灵活，不占空间，工艺简单，不易损坏，维修方便。 3.适用于各类对通风、密封、保温要求不高的建筑	1.由于框与扇之间的缝隙是固定不变的，紧靠扇轨道槽内装配的毛条与框搭接，没有压紧力，密封性较差。 2.随使用时间的延长，密封毛条倒伏或表面磨损，空气对流加大，热量的消耗十分严重
平开窗	1.隔热、保温、密封、隔音性能较好。 2.通风换气性能好。 3.适用于寒冷、炎热地区建筑或对密封、保温有特殊要求的建筑	1.对五金构件质量要求高。 2.内平开窗扇开启后，会占用部分室内空间。 3.外平开窗受五金件质量影响，会对室外造成安全隐患，且成本相对较高

如何挑选塑钢门窗

不要买廉价的塑钢门窗

门窗表面应光滑平整，无开焊断裂，密封条应平整、无卷边、无脱槽、胶条无气味。门窗关闭时，扇与框之间无缝隙，门窗四扇均为一整体、无螺钉连接。

重视五金件

五金件齐全，位置正确，安装牢固，使用灵活。门窗框、扇型材内均嵌有专用钢衬。开关部件关闭严密，开关灵活。推拉门窗开启滑动自如，声音柔和，绝无粉尘脱落。

注意玻璃安装

玻璃应平整，安装牢固，安装好的玻璃不直接接触型材。不能使用玻璃胶。若是双玻夹层，夹层内应没有灰尘和水汽。

工厂制作

塑钢门窗均在工厂车间用专业设备制作，只可现场安装，不能在施工现场制作。

8 装饰玻璃

在装饰装修行业迅速发展的今天，玻璃由过去主要用于采光的单一功能向着控制光线、调节热量、节约能源、控制噪声、降低建筑自重、改善建筑环境、提高建筑艺术等多种功能发展，具有高度装饰性和多种适用性的玻璃新品种不断出现，已成为一种重要的装饰材料。

类　别	优　点	缺　点
平板玻璃	具有透光、隔热、隔声、耐磨、耐气候变化等性能，有的还有保温、吸热、防辐射的特征	如在潮湿的地方存放，表面会形成一层白翳，使玻璃的透明度大大降低
夹层玻璃	耐光、耐热、耐湿、耐寒、隔声、安全性好	玻璃被水浸透后，水分子进入玻璃夹层中，使玻璃表面模糊
热熔玻璃	图案丰富、立体感强、装饰华丽、光彩夺目、吸音效果好	有纹理，透明度不高，价格相对较高
彩绘镶嵌玻璃	耐候性好、可擦洗、图案丰富亮丽	制作原料较稀有，价格比较贵
雕刻玻璃	透光不透明、有立体感、效果高雅	传统的雕刻玻璃价格比较昂贵
玻璃砖	隔声、防噪、隔热、保温	砖与砖之间的缝不易清理、易变黄，残留污渍
激光玻璃	抗老化、抗冲击、耐磨、硬度高	价格偏贵
中空玻璃	具有良好的保温、隔热功能，隔声效果好	透光率不好
钢化玻璃	强度高、耐酸、耐碱、抗弯曲强度高、耐冲击	较沉重，价格偏贵
压花玻璃	透光不透明、光线柔和	对施工要求较高

如何挑选玻璃

平板玻璃

平板玻璃的外表为无色透明或稍带淡绿色。玻璃的薄厚应均匀，尺寸应规范。内部没有或少有气泡、结石和波筋、划痕等疵点。

夹层玻璃

选购夹层玻璃时应注意是否有气泡、夹杂物、划伤等。

玻璃砖

外观质量不允许有裂纹，玻璃坯体中不允许有不透明的未熔物。目测砖体不应有波纹、气泡及玻璃坯体中的不均物质所产生的层状条纹。

激光玻璃

购买激光玻璃可以参照平板玻璃和钢化玻璃的选择要点，但需要注意的是，使用激光玻璃是因为它在光的作用下所产生的效果，所以在购买前应在光照下看看效果。

中空玻璃

选购时要注意双层玻璃不等于中空玻璃，真正的中空玻璃并非"中空"，而是要在玻璃夹层中间充入干燥空气或是惰性气体。

钢化玻璃

钢化玻璃的平整度会比普通玻璃差，用手使劲摸钢化玻璃表面，会有凹凸的感觉。观察钢化玻璃较长的边，会有一定弧度。

9 装饰五金

五金配件是现代室内装饰装修中不可缺少的一部分，是室内空间的亮点，同样也起着画龙点睛的作用。五金配件的种类繁多，使用范围也非常广泛。合理的搭配，会更加突出装饰效果。

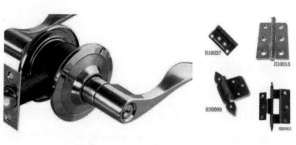

拉手　　　　　　　　合页

类　别	概　述
门锁	市场上所销售的门锁品种繁多，其颜色、材质、功能都各有不同。常用种类有外装门锁、执手锁、抽屉锁、球形锁、玻璃橱窗锁、电子锁、防盗锁、浴室锁、指纹门锁等
拉手	拉手的材料有锌合金、铜、铝、不锈钢、塑胶、原木、陶瓷等。颜色形状各式各样，安装螺钉需由板上打洞，从反面穿过来固定，正面看不见螺钉。经过电镀和静电喷漆的拉手，具有耐磨和防腐蚀作用
合页	合页又称铰链，分为普通合页、烟斗合页、大门合页和其他合页等。针对门的不同材质，会有相适应的合页。合页使用的正确与否决定了这扇门能否正常使用。合页的大小、宽窄与使用数量的多少同门的重量、材质、门板的宽窄程度有着密切的关系
闭门器	常用的闭门器分为两种：一为有定位作用的，也就是门开到一定角度时会固定住，小于此角度时门会自动闭合；二为没有定位作用的，无论开到什么位置，门总会自动关闭
门吸	常用的门吸又叫做"墙吸"。目前市场上还流行一种门吸，称为"地吸"，其平时与地面处于同一个平面，打扫起来很方便；当关门的时候，门上的部分带有磁铁，会把地吸上的铁片吸起来，及时阻止门撞到墙上
开关插座	在室内装饰装修中，开关插座往往被认为是不重要的一个配件，而事实却相反。开关插座虽然是室内装饰装修中很小的一个五金件，但却关系到室内日常生活的安全问题。

如何挑选五金

门锁

● 选择有质量保证的生产厂家生产的名牌锁。

● 注意选购和门同样开启方向的锁。

● 注意家门边框的宽窄，球形锁和执手锁能安装的门边框不能小于 90 厘米。

● 一般门锁适用门厚 38 ~ 40 毫米，但可延长至今 50 毫米。

● 部分执手锁有左右手分别，由门外侧面对门，门铰链在右手处，即为右手门；在左手处，即为左手门。

拉手

选购时主要是看拉手的外观是否有缺陷、电镀光泽如何、手感是否光滑等；要根据喜欢的颜色和款式，配合家具的式样和颜色，选一些款式新颖、颜色搭配流行的拉手。此外，拉手还应能承受较大的拉力，一般拉手应能承受 6 千克以上的拉力。

合页

挑选合页除了目测、手感合页表面平整顺滑外，还应注意合页弹簧的复位性能要好，可将合页打开 95°，用手将合页两边用力按压，观察支撑弹簧片不变形、不折断、十分坚固的为质量合格的产品。

开关插座

●看外观：开关的款式、颜色应该与室内的整体风格相吻合。

●看重量：铜片是开关插座最重要的部分，具有相当的重量。在购买时应掂量一下单个开关插座，如果是合金的或者薄的铜片，手感较轻，品质就很难保证。

●看品牌：开关的质量关乎电器的正常使用，甚至生活的安全。低档的开关插座使用时间短，需经常更换。知名品牌会向消费者进行有效承诺，如"质保 12 年"、"可连续开关10000 次"等，所以最好购买知名品牌的开关插座。

●注意开关插座的底座上的标识：如国家强制性产品认证（CCC）、额定电流电压值；产品生产型号、日期等。

⑩ 装饰灯具

灯饰是装饰性灯具的总称，灯具的种类繁多，造型千变万化，是室内装饰装修中非常重要也是大量使用的一种装饰材料，它不仅起着照明的作用，也是美化环境、渲染气氛的极佳方式。

类 别	优 点	缺 点
吊灯	吊灯通常是室内灯饰的重头戏，品种也繁多。其中单头吊灯多用于卧室、餐厅，灯罩口朝下，就餐时灯光直接照射于餐桌上，给用餐者带来清晰明亮的视野；多头吊灯适宜装在客厅或大的空间里；水晶豪华灯饰则使室内华光四射、缤纷夺目、富丽壮观	层高低于 2.6 米的居室不宜采用华丽的多头吊灯，不然会给人沉重、压抑之感
吸顶灯	常用的有方罩吸顶灯、圆球吸顶灯、尖扁圆球吸顶灯、半圆球吸顶灯、半扁球吸顶灯、小长方罩吸顶灯等。安装简易，款式简洁，具有清朗明快的感觉	清洗、维修相对麻烦
射灯	既能作主体照明，又能作辅助光源，光线极具可塑性，可安置在顶面四周或家具上部，也可置于墙内、踢脚线里，直接将光线照射在需要强调的物体上，起到突出重点、丰富层次的效果	过多安装射灯，会形成光的污染，还容易造成安全隐患，时间一长容易引发火灾
筒灯	安装容易，不占用地方，大方、耐用，通常用 5 年以上是没有问题的，款式不容易变化，价格也便宜	一些杂牌筒灯的灯口不耐高温，易变形
落地灯	既可以担当一个小区域的主灯，又可以通过照度的不同与室内其他光源配出光环境的变化。同时，落地灯还可以凭自身独特的外观，成为室内一件不错的摆设以及一道亮丽的风景	占用地面空间
壁灯	光线淡雅和谐，可把环境点缀得优雅、富丽；种类和样式较多，一般常见的有吸顶式壁灯、变色壁灯、床头壁灯、镜前壁灯等	壁灯的照明度不大，主要起装饰烘托气氛的作用

如何挑选灯具

与房间的高度相适应

房间高度在 2.6 米以下时，不宜选用长吊杆的吊灯及垂度高的水晶灯，否则会有碍安全。

与房间的面积相适应

灯饰的面积不要大于房间面积的 2%～ 3%。如照明不足，可增加灯具数量，否则会影响装饰效果。

与整体的装修风格相适应

中式、日式、欧式的灯具要与周围的装修风格协调统一，才能避免给人以杂乱的感觉。

与房间的环境质量相适应

卫生间、厨房等特殊环境，应该选择有防潮、防水特殊功能的灯具，以保证正常使用。

与顶部的承重能力相适应

特别是做了吊顶的居室，必须有足够的载荷，才能安装相适应的灯具。

 装修提示

在选购装饰灯具时，应注意把安全放在首位，不要只考虑价格便宜，价格便宜的灯大多质量不过关，往往存在安全隐患，一旦发生火灾，不但个人经济受损，还会殃及四邻，后果不堪设想。因此选用灯具要先看其质量，检查质保书、合格证是否齐全，切不可图便宜选购劣质灯具。

11 卫生洁具

卫生洁具主要是由卫生陶瓷及其配件组成的。卫生陶瓷是用作卫生设施的有釉陶瓷制品，包括各种坐便器、水箱、洗面盆、净身器、水槽等。与卫生陶瓷配套使用的有水箱配件、水嘴等。

近年来，卫生洁具的材质也发生了本质的变化，由过去单一的陶瓷制品，发展成为不锈钢、玻璃、铝合金、铸铁、亚克力材质等并存的多元化局面。

洗面盆

类 别	优 点	缺 点
立柱式面盆	设计很简洁，使用起来更加方便、舒适	比较适合于面积偏小或使用率不是很高的卫浴间（比如客卫）
台式面盆	比较适合安装于面积比较大的卫生间，可制作天然石材或人造石材的台面与之配合使用，还可以在台面下定做浴室柜，盛装卫浴用品，美观实用	价格偏贵
台上盆	安装比较简单，风格多样，且装修效果比较理想，在家庭中使用得比较多	不易清洗
台下盆	整体外观整洁，比较容易打理，在公共场所使用较多	对安装工艺的要求较高

如何挑选洗面盆

根据洗面盆上 所开进水孔的多少

洗面盆又有单孔和三孔之分,单孔洗面盆的冷、热水管通过一只孔接在单柄水龙头上,水龙头底部带有丝口,用螺母固定在这只孔上;三孔洗面盆可配单柄冷热水龙头或双柄冷热水龙头,冷、热水管分别通过两边所留的孔眼接在水龙头的两端,水龙头也用螺母旋紧与洗脸盆固定。

根据卫生间面积

挂墙式与立柱式比较适合面积较小的卫生间,安装之后还有活动余地;而面积大于5平方米的卫生间则适合安装台式洗面盆。台式洗面盆的台面上可放置物品,下面还可以做成储物柜存放卫生间清洁用品,使用方便。立柱式洗面盆下面的柱子主要是为了遮盖下水管;而组合盆一般用在面积很大的卫生间,既实用又气派。

注意外观质量

应选择瓷质细腻、表面光洁细密的洗面盆,这样的洗面盆污渍很容易被水冲洗掉,如果洗面盆外观粗劣,又极易脏污,清洗时要用瓷器专用清洗剂清洗,既不方便,瓷面又容易变旧。

装修提示

选用玻璃面盆时,应该注意产品的安装要求,有的台盆安装要贴墙固定,在墙体内使用膨胀螺栓进行盆体固定,如果墙体内管线较多,就不适宜使用此类面盆。除此之外,还应该检查面盆下水返水弯、面盆龙头上水管及角阀等主要配件是否齐全。

坐便器

坐便器又称为抽水马桶，是取代传统蹲便器的一种新型洁具。坐便器按冲水方式来看，大致可分为冲落式（普通冲水）和虹吸式，而虹吸式又分为冲落式、漩涡式、喷射式等。

如何挑选坐便器

看外观质量

由于卫生洁具多半是陶瓷质地，所以在挑选时应仔细检查它的外观质量，好釉面的坐便器光滑、细致，没有瑕疵，经过反复冲洗后依然可以光滑如新。

听声音

可用一根细棒轻轻敲击坐便器边缘，听其声音是否清脆。如果有沙哑声，则说明坐便器有裂纹。

看平稳度

将坐便器放在平整的台面上，进行各方向的转动。检查是否平稳、匀称，安装面及坐便器表面的边缘是否平正，安装孔是否均匀圆滑。

留意保修和安装服务

一般正规的洁具销售商都具有比较完善的售后服务，可享受免费安装以及 3 ～ 5 年的保修服务；而小厂家则很难保证。

水龙头

水龙头常用于厨卫之中，是室内水源的开关，负责控制和调节水的流量大小。主要原料为铜与锌合金。现在大多是混合式水龙头，是在冷、热水混和后才出水，因此可以控制不同温度的水。通常热水龙头一般有一个红色指示灯或是符号，而冷水水龙头一般有一个蓝色或绿色指示灯或是符号。

类 别	内 容
冷水水龙头	其结构多为螺杆升降式，即通过手柄的旋转，使螺杆升降而开启或关闭。它的优点是价格较便宜，缺点是使用寿命较短
面盆水龙头	用于放冷水、热水或冷热混合水。它的结构有螺杆升降式、金属球阀式、陶瓷阀芯式等。阀体用黄铜制成，外表有镀铬、镀金及各色金属烘漆，造型多种多样；手柄分为单柄和双柄等形式；高档的面盆龙头装有落水提拉杆，可直接提拉打开洗面盆的落水口，排除污水
浴缸水龙头	目前市场上流行的是陶瓷阀芯式单柄浴缸水龙头。它采用单柄即可调节水温，使用方便；陶瓷阀芯使水龙头更耐用，不漏水。浴缸水龙头的阀体多采用黄铜制造，外表有镀铬、镀金及各式金属烘漆等
淋浴水龙头	其阀体多用黄铜制造，外表有镀铬、镀金等。启闭水流的方式有螺杆升降式、陶瓷阀芯式等，用于开放冷热混合水

淋浴房

从功能方面看，市场上的淋浴房可分为以下三种：

类　别	内　容
淋浴屏	淋浴屏是一种最简单的淋浴房，包括底盆（亚克力材质）和铝合金加玻璃围成的屏风，起到干湿分离的作用，用来保持空间的清洁
电脑蒸汽房	电脑蒸汽房一般由淋浴系统、蒸汽系统和理疗按摩系统组成。国产蒸汽房的淋浴系统一般都有顶花洒和底花洒，并增加了自洁功能；蒸汽系统主要是通过下部的独立蒸汽孔散发蒸汽，并可在药盒里放入药物享受药浴保健；理疗按摩系统则主要是通过淋浴房壁上的针刺按摩孔出水，用水的压力对人体进行按摩
整体淋浴房	整体淋浴房无论其功能还是价格，都介于淋浴屏和电脑蒸汽房之间。一般由桑拿系统、淋浴系统、理疗按摩系统三个部分组成。功能齐全又方便使用

从形态方面来看，常用的淋浴房有以下三种：

类　别	内　容
立式角形淋浴房	从外形看有方形、弧形、钻石形；以结构分有推拉门、折叠门、转轴门等；以进入方式分有角向进入或单面进入式，角向进入式最大特点是可以更好地利用有限浴室面积，扩大使用率，是应用较多的款式
一字形浴屏	有些房型宽度窄，或有浴缸位置，但业主并不愿用浴缸而选用浴屏时，多用一字形浴屏
浴缸上浴屏	许多消费者已安装了浴缸，但却又常常使用淋浴，为兼顾两者，也可在浴缸上制作浴屏

如何挑选淋浴房

看玻璃的厚度及钢化度

淋浴房的主材为钢化玻璃，钢化玻璃的品质差异较大，优质产品普遍使用优质的玻璃原片和较厚的全钢化玻璃，不仅美观，且坚固耐用。

铝合金的厚度与表面处理

淋浴房的骨架采用铝合金制作，表面作喷塑处理，不腐、不锈。主骨架铝合金厚度最好在 1.1 毫米以上，这样门才不易变形。

检查滑轮滚珠轴承是否灵活

淋浴房推拉门的滑轮也很关键，所以滑轮一定要灵活轻便。螺丝采用不锈钢，如果推拉起来滑轮会发出较大的声音或有涩度，则会影响使用寿命。

不能贪图便宜选择三无产品

淋浴房产品属于耐用消费品，一定要购买标有详细生产厂名、厂址和商品合格证的产品。尤其电脑蒸汽房更加要注意，否则存有极大的安全隐患。

选购淋浴房要因地制宜

淋浴房的选择，要根据自家的卫浴空间大小进行考量。所以在装修前预留浴房空间，如果卫生间有 4~5 平方米，则可以选择 1 米 ×1 米左右的淋浴房位置，卫生间有 8~10 平方米则选择 1.5 米 ×1.5 米的，房间高度不能低于 2.2 米。所以业主不仅在选购时注意房间的面积和高度，还要注意在基础装修前就先进行测量和规划，预留排水、给水和布线位置，否则就要返工或给今后的使用造成不便。

12 厨房建材

随着人们生活水平的提高，厨房设计已是现代家居设计的重点之一，它不仅是人们煮食的地方，还是人们生活品质的彰显之处。一个设计时尚、灵活和实用的厨房空间是快乐家庭生活的一部分。

橱柜台面

类 别	优 点	缺 点
不锈钢台面	光洁明亮，易清洁打理，抗细菌再生，环保无辐射，使用寿命长、经久耐用、易清洁，始终光亮如新，实用性较强	不耐划，划痕永久性的不可修复；金属感强，给人整体感觉较生冷硬；在某些部位设计缺乏合理性，不适用于民用厨房管道交叉
天然石台面	天然石台面包含了花岗石、大理石两种，其中天然石材的密度比较大，质地坚硬，防刮伤性能十分突出，耐磨性能良好，而且纹理非常美观	天然石台面密度较大，碎性较大，如遇重击会发生裂缝，很难修补，一些看不见的天然裂纹，遇温度急剧变化也会发生破裂
人造石台面	耐磨、耐酸、耐高温、整体成型，并可反复打磨翻新，抗污力强，因为表面没有孔隙，油污、水渍不易渗入其中	缺乏自然性，石材纹理不如天然石美观、清晰；因人造石造价工艺要求较高，所以价格也较高
石英石台面	花纹自然，美观亮丽、质地坚硬，耐酸碱、耐腐蚀、耐高温、耐油污	形状过于单一，造型样式较少；价格高

抽油烟机

类　别	功　能	优　点	缺　点
中式抽油烟机	采用大功率电动机，有一个很大的集烟腔和大涡轮，为直接吸出式，能够先把上升的油烟聚集在一起，然后再经过油网，将油烟排出去	生产材料成本低，生产工艺也比较简单，价格适中	占用空间大，噪声大，容易碰头、滴油；使用寿命短，清洗不方便
欧式抽油烟机	利用多层油网过滤（5～7层），增加电动机功率以达到最佳效果，一般功率都在300瓦以上	外观优雅大方，吸油效果好	价格昂贵，不适合普通家庭，功率较大
侧吸式抽油烟机	利用空气动力学和流体力学设计，先利用表面的油烟分离板把油烟分离再排出干净空气	抽油效果好，省电，清洁方便，不滴油，不易碰头，不污染环境	样子难看，不能很好地和家具整体融合到一起
多媒体智能式抽油烟机	采用先进的防油烟人体感应操作面板，动态显示系统随时显示油烟机的各个功能的工作状态	告别油网孔堵塞与清洗，吸烟更彻底，过滤更高效	维修费用高

 装修提示

设计整体橱柜时设计师会上门量尺寸，等最终复尺的时候要测量厨具的具体尺寸，这样就可以把抽油烟机隐藏进吊柜处，令空间更为统一、美观。

如何挑选抽油烟机

看风压

风压是衡量油烟机使用性能的一个重要指标。风压是指抽油烟机风量为 7 立方米/分钟时的静压值，国家规定该指标值大于或等于 80 帕。风压值越大，抽油烟机抗倒风能力越强。

看风量

风量是指静压为零时抽油烟机单位时间的排风量，国家规定该指标值大于或等于 7 立方米/分钟。一般来说，风量值越大，抽油烟机越能快速及时地将厨房里大量的油烟吸排干净。

看电机输入功率

抽油烟机的型号一般规定为 CXW-□-□，其中第一个"□"中的数字表示的就是主电机输入功率。抽油烟机的输入功率并非越大越好，因为提升功率是为了提升风量和风压，若风量、风压得不到提高，增大功率也没用；同时，功率越大，可能噪声也越大。

看噪声

噪声也是衡量抽油烟机性能的一个重要技术指标，它是指抽油烟机在额定电压、额定频率下，以最高转速挡运转，按规定方法测得的 A 声功率级，国家规定该指标值不大于 74 杜比。

看细节

一定要买易清洗的抽油烟机，罩烟结构的内层一定不能有接缝和沟槽，必须双层结构而且一体成型，否则就会积满油污和油滴，时间一长，不但难以清洁，还会漏油、滴油。再则，还要了解有没有双层油网设计，确保油烟机内不沾油，是不是真正免拆洗。

燃气灶

类　别	内　容
台式燃气灶	台式燃气灶又分为单眼和双眼两种。由于台式燃气灶具有设计简单、功能齐全、摆放方便、可移动性强等优点，因此受到大多数家庭的喜爱
嵌入式燃气灶	嵌入式燃气灶是将橱柜台面做成凹字形，正好可嵌入煤气灶，使得灶柜与橱柜台面成一平面。嵌入式燃气灶从面板材质上分有不锈钢、搪瓷、玻璃以及特氟隆（不沾油）4 种。由于嵌入式灶具美观、节省空间、易清洗，会令厨房显得更加和谐和完整，更方便与其他厨具的配套设计，营造完美的厨房环境，因此受到广大业主的喜爱，很多家庭在装修新房时都选用了这种类型的燃气灶具
下进风型嵌入式燃气灶	这种灶具增大了热负荷及燃烧器，但要求橱柜开孔或依靠较大的橱柜缝隙来补充燃料所需的二次空气，同时利于泄漏燃气的排出。国内很少将橱柜开孔，因而造成燃料不充分、黄焰、一氧化碳浓度高等缺陷。一旦燃气泄漏量较大，可能会造成点火爆燃，并导致玻璃类灶台面板爆裂。这种产品的燃烧值很难达到国家标准
上进风型嵌入式燃气灶	这种灶具改进了下进风型灶具的缺点，将炉头抬高超过台面，目的是使空气能够从炉头与承液盘的缝隙进入，但仍然没能解决黄焰及一氧化碳浓度偏高的问题
后进风型嵌入式燃气灶	这种灶具在面板的低温区安有一个进风器，以解决黄焰问题和降低一氧化碳浓度。泄漏的燃气也可以从这个进气口排出去，即使燃气泄漏，出现点火爆燃，气流也可以从进风器尽快地排放出去，迅速降低内压，避免台面板爆裂

如何挑选燃气灶

看标识

检查产品标签上适用燃气种类与您家是否一致。如果灶具上找不到适用燃气种类的标签,这种灶具肯定是不合格品,绝对不能买。

看灶面材料

灶面材料主要有不锈钢和钢化玻璃两种,不锈钢灶面材料结实,但长期使用后污渍较难清洗。同时,不锈钢灶面越厚越好,而一些劣质产品灶面厚度不足 0.3 毫米,在使用中容易造成人身损害。玻璃灶面美观大方,易于清洁,长期使用后易光亮如新,但若买到劣质品,则在使用过程中易发生玻璃爆裂现象。

看炉头

炉头材料主要以不锈钢、铸铁及铜制锻压为主,由于炉头长时间被火烧烤,易发生变形,因此炉头材质及厚度都很重要,一般情况下炉头越重越好。

看火力

要求至少有一个炉头是大火力的,以满足爆炒的需求,即一般选择热流量在 3.6~4.2 千瓦即可,另一个火眼可以选择 3.6 千瓦以下的,以便蒸、煮、煲汤时使用。

⑬ 装饰地毯

地毯作为地面装饰材料之一，比起其他地面装饰材料，其发展的历史进程非常悠久，可以上溯到古埃及时代。地毯是一种高级地面装饰材料，它不仅有隔热、保温、吸声、富有良好的弹性等特点，而且铺设后，可以使室内显得高贵、华丽、美观、悦目。

类 别	优 点	缺 点
纯毛地毯	具有质地柔软、耐用、保暖、吸声、柔软舒适、弹性好、拉力强、光泽足、质感突出、富丽堂皇等优点，深受人们的喜爱	但纯毛地毯价格较高，易虫蛀、易长霉而影响了使用，室内装饰一般选用小块羊毛地毯作为客厅或卧室等的局部铺设
化纤地毯	化纤地毯外观与手感类似羊毛地毯，耐磨而富弹性，具有防污、防虫蛀等特点，价格低于其他材质地毯	易燃，易产生静电和吸附灰尘
混纺地毯	具有保温、耐磨、抗虫蛀、强度高等优点，弹性、脚感比化纤地毯好，价格适中，受到不少人的青睐	混纺地毯属合成纤维
橡胶地毯	具有防霉、防滑、防虫蛀等特点，而且有隔潮、绝缘、耐腐蚀及清扫方便等优点	档次较低，一般用于楼梯、卫生间、走道、厨房等潮湿或经常淋水的地面
剑麻地毯	剑麻地毯属于地毯中的绿色产品，可用清水直接冲刷，其污渍很容易清除。不会释放化学成分，耐腐蚀、耐酸碱	脚感不太好，弹性较差

如何挑选地毯

观察地毯的绒头密度

可用手去触摸地毯，产品的绒头质量高，毯面的密度就丰满，这样的地毯弹性好、耐踩踏、耐磨损、舒适耐用。但不要采取挑选长毛绒的方法来挑选地毯，表面上看起来绒绒乎乎好看，但绒头密度稀松，绒头易倒伏变形，这样的地毯不抗踩踏，易失去地毯特有的性能，不耐用。

检测色牢度

色彩多样的地毯，质地柔软，美观大方。选择地毯时，可用手或拭布在毯面上反复摩擦数次，看其手或拭布上是否有颜色，如有颜色，则说明该产品的色牢度不佳，地毯在铺设使用中易出现变色和掉色，影响地毯在铺设使用中的美观效果。

检测地毯背衬剥离强力

簇绒地毯的背面用胶乳粘有一层网格底布，消费者在挑选该类地毯时，可用手将底布轻轻撕一撕，看看黏结力的程度，如果黏结力不高，底布与毯体就易分离，这样的地毯不耐用。

看外观质量

查看地毯的毯面是否平整，毯边是否平直，有无瑕疵、油污斑点、色差，尤其选购簇绒地毯时要查看毯背是否有脱衬、渗胶等现象，避免地毯在铺设使用中出现起鼓、不平等现象，从而失去舒适、美观的效果。

14 窗帘布艺

窗帘具有遮光、防风、除尘、消声等实用性，但现代人更看重的是窗帘的色彩、图案等装饰效果。目前市场上的窗帘五花八门，有自然古朴的苇帘、木帘，也有历久弥新的布艺窗帘，以及最近几年出现的"智能化"遥控窗帘等，其中纯棉、亚麻、丝绸、羊毛质地的布艺窗帘价格较高，但不管是何种材质，新颖的款式和图案已成为购买窗帘的重要因素。

经巧思安排，窗帘可以使狭长的窗户显得宽阔，使宽矮的窗户显得雅致，甚至形状不佳的窗户也可以用美观而实用的窗帘加以掩饰。

类 别	优 点	缺 点
布帘、纱帘	具有采光柔和、透气通风的特性，同时又可使人在白天的室内有一种隐秘感和安全感	遮光度一般
百叶帘	光线不同时，帘子的角度可得到任意调节，使室内的自然光富有变化。铝合金百叶帘和塑料百叶帘上还可进行贴画处理，成为室内一道亮丽的风景	不是所有的百叶帘都具备隔热功能
罗马帘	它是一种上拉式的布艺窗帘，比传统两边开的布帘简约，所以能使室内空间感较大。装饰效果很好，华丽、漂亮、使用简便	需与遮光布相搭配，实用性则稍差一些
垂直帘	其叶片可180°旋转，随意调节室内光线。收拉自如，既可通风，又能遮阳，豪华气派，集实用性、时代感和艺术感于一体	价格昂贵
木竹帘	使空间充满书香气息，木竹帘使用防霉剂及清漆处理过，不会出现发霉虫蛀问题	价格偏高，外形相对较为笨重

如何挑选窗帘

根据颜色来选择

窗帘的配色主要表现为白色、红色、绿色、黄色和蓝色等。选择花色时，除了根据个人对色彩图案的感觉和喜好外，还要注重与家居的格局和色彩相搭配。一般来讲，夏天宜用冷色窗帘，如白、蓝、绿等，使人感觉清净凉爽；冬天则换用棕、黄、红等暖色调的窗帘，看上去比较温暖亲切。

根据不同功能空间来选择

如卫生间、厨房就要选择实用性较强、易洗涤、经得住蒸汽和油脂污染的布料；客厅、餐厅就应选择豪华、优美的面料；书房窗帘要透光性能好、明亮的材质，如真丝窗帘；卧室的窗帘要求厚重、温馨、安全，如选背面有遮光涂层的面料。

根据材质来选择

布料的选择还取决于房间对光线的需求量。光线充足，可以选择薄纱、薄棉或丝质的布料；房间光线过于充足，就应当选择稍厚的羊毛混纺或织锦缎来做窗帘，以抵挡强光照射；房间对光线的要求不是十分严格的时候，选用素面印花棉质或者麻质布料最好。

装修提示

窗帘轨在结构上分为单轨和双轨，造型上以全开放式倒"T"形的简易窗轨和半封闭式内含滑轮的窗轨为主。

无论何种样式，要保证使用安全、启合便利，关键是看材质的厚薄，包括安装码与滑轮，两端封盖的质量，选择表面工艺精致美观的产品，采用先进的喷涂、电泳技术。同时可以根据实际需求，选择低噪声或无声的窗轨。

装修达人的课堂提示

警惕装修材料五花八门而挑花眼

由于很多业主属于新手，面对建材市场上五花八门的产品，层出不穷的厂商，很多时候看的越多，越不知道应该选什么了。下面是最常见的家装选材三大误区。

误区 1 认证 = 可靠

现在摆出各类证明书，已经成为商家销售时的必要手段。但是同样是摆放证书，认证书也有高低之分。许多行业知名品牌拥有的是行业内含金量最高的证书，比如中国环境标志产品认证、质量免检证明等证书；但是有些牌子摆出的证明，就是花钱买来的。

应对： 业主在选购建材时，不能只看认证，应从材质、厂家等一系列的考察要素出发，多了解产品的实质和商家的具体介绍，也可以多上网了解一下各大品牌的防伪标志。

误区 2 最有名 = 最合适

有些业主在挑选建材时，往往都盯着一些熟知的大品牌，可能有些与家中的风格并不符合，但是又想把家里装出气派感，这样混搭下来，往往达不到预期效果。

应对： 业主必须根据自己的家居风格和能接受的价格来挑选适合的材料，不能只按自己的喜好来胡乱购买。

误区 3 高价格 = 高品质

许多家装业主在选购产品时，除了选择大牌，在看到价格更高的产品时，会询问其价高的原因，有的会说更环保，有的会说工艺更考究，而这些虚的名头，是业主们无从深究的，但是心理上就会认定这种产品就是比原来那种便宜的更好。这种高价的心理，也是商家常常使用的营销策略。

应对： 业主在选购时，不能一味贪高求贵，还是应以自己需求和质量为先。

第八章

重点监督掌握品质

不掉入工期拖延的陷阱

了解施工流程

第 1 步——前期设计，调查。时间越长越好，至少一个月。

第 2 步——施工现场放样，图纸交底。

第 3 步——开始水电工程，墙面开槽打孔。

第 4 步——水电管线进场，水泥河沙少量进场。

第 5 步——水电管线铺设完毕，进行水压试验，查看质量。

第 6 步——水泥河沙大量进场，泥工修补水电工程的遗留问题。

第 7 步——瓷砖、木工材料进场。木工和泥工可同时施工，以缩短工期。

第 8 步——淋浴房挡水、门槛石、窗台石进场，由泥工预埋。

第 9 步——泥工和木工完工，验收。

第 10 步——油漆材料进场、施工。

第 11 步——测量橱柜、卫生间的台盆柜、厨卫天花板的尺寸。

第 12 步——油烟机进场，安装厨卫天花板，预先放置油烟机的排烟管。

第 13 步——安装橱柜、卫生间的台盆柜，门板可先不安装。

第 14 步——厨房的水槽、燃气灶进场。橱柜台面的测量、安装。

第 15 步——油漆工程完工，验收。

第 16 步——贴墙纸（看个人需要），然后安装暖气片。

第 17 步——安装定制的家具、灯具、洁具、开关面板、小五金。

第 18 步——铺地板。

第 19 步——安装免漆门、门套、锁具、踢脚线、滑动门、折叠门。

第 **20** 步——安装家电、窗帘。

第 **21** 步——油漆扫尾修补，然后做开荒保洁。

第 **22** 步——验收并结账，然后通风至少两个月。

第 **23** 步——入住感受一个月，若出现问题及时找施工方解决。

上面这 23 步可简化为 8 个阶段。

阶 段	名 称	内 容
1	前期工程	了解装修常识、 定初步设计 / 装修方案、配置资金预算、考察各类建材、选择装修公司、签订装修合同、确定详细的设计图纸
2	拆除工程	包括拆墙、建墙等。可用粉笔在墙上画出插座、开关、家具、厨具等的位置，看看是否符合起居习惯、行走路线
3	水电工程	确定水管、电管的走向，确定厨具、空调、灯的位置
4	泥瓦工程	包括以下几大类：水泥地面找平；客厅阳台地面铺贴瓷砖；厨房和卫生间铺贴墙地砖，以及防水。确定好瓷砖进场日期，并在同一天约好泥工进场
5	木工工程	主要是制作各种柜子和天花板的木龙骨，还有墙面造型的木龙骨
6	油漆工程	墙面刮腻子，刷漆。要做好保护工作防止漆沾到地面
7	家具进场	木地板、家具、厨具、卫生间设备、灯、玻璃等进场
8	开荒保洁	自己如果没有时间，可以请保洁公司

了解材料进场顺序

现在一般装修业主都是选择装修辅材由装修公司负责，装修主材自己购买，所以业主只需操心装修主材购买的顺序，保证装修主材的供应能跟上家装工程的进度。一般材料的进场顺序如下表所示：

序号	材　料	施工阶段	准备内容
1	防盗门	开工前	最好一开工就能给新房安装好防盗门，防盗门的定做周期一般为一周左右
2	白乳胶、原子灰、砂纸等辅料	开工前	木工和油漆工都可能需要用到这些辅料
3	热水器、小厨宝	水电改前	其型号和安装位置会影响到水电改造方案和橱柜设计方案
4	卫浴洁具	水电改前	其型号和安装位置会影响到水电改造方案
5	水槽、面盆	橱柜设计前	其型号和安装位置会影响到水改方案和橱柜设计方案
6	抽油烟机、灶具	橱柜设计前	其型号和安装位置会影响到电改方案和橱柜设计方案
7	排风扇、浴霸	电改前	电改前其型号和安装位置会影响到电改方案
8	橱柜、浴室柜	开工前	墙体改造完毕就需要商家上门测量，确定设计方案，其方案还可能影响水电改造方案
9	水电改造	开工前	墙体改造完就需要工人开始工作，这之前要确定施工方案和确保所需材料到场
10	室内门窗	开工前	开工前墙体改造完毕就需要商家上门测量
11	防水材料	瓦工入场前	卫生间先要做好防水工程，防水涂料不需要预定
12	瓷砖、勾缝剂	瓦工入场前	有时候有现货，有时候要预订，所以先计划好时间

序号	材　料	施工阶段	准备内容
13	石材	瓦工入场前	窗台、地面、过门石、踢脚线都可能用石材，一般需要提前三四天确定尺寸预订
14	乳胶漆	油漆工入场前	墙体基层处理完毕就可以刷乳胶漆，一般到超市直接购买
16	地板	较脏的工程完成后	最好提前一周订货，以防挑选的花色缺货，安排前两三天预约
17	墙纸	地板安装后	进口墙纸需要提前 20 天左右订货，但为防止缺货，最好提前一个月订货，铺装前两三天预约
18	玻璃胶及胶枪	开始全面安装前	很多五金洁具安装时需要打一些玻璃胶密封
19	水龙头、橱卫五金件等	开始全面安装前	一般款式不需要提前预订，如果有特殊要求可能需要提前一周
20	镜子等	开始全面安装前	如果定做镜子，需要四五天制作周期
21	灯具	开始全面安装前	一般款式不需要提前预订，如果有特殊要求可能需要提前一周
22	开关、面板等	开始全面安装前	一般不需要提前预订
23	地板蜡、石材蜡等	保洁前	保洁前可以买好点的蜡让保洁人员在自己家中使用
24	窗帘	完工前	保洁后就可以安装窗帘了，窗帘需要一周左右的订货周期
25	家具	完工前	保洁后就可以让商家送货了
26	家电	完工前	保洁后就可以让商家送货安装了
27	配饰	完工前	装饰品、挂画等配饰，保洁后就可以自己选购了

施工时期的监工要点

合理安排施工进度不仅要在施工组织设计当中将进度协调安排，更重要的是要合理地进行施工段划分，合理安排交叉作业的分部、分项工程。将各个分部、分项工程进度协调统一，才能够最大幅度地减少隐性成本的发生。

施工进度监工表

监工部分	监工项目	是否合格	
进场材料	检查进场材料（如腻子、胶类等）是否与合同中预算单上的材料一致，尤其要检查水电改造材料（电线、水管）的品牌是否属于装饰公司专用品牌	是	否
吊顶	首先要检查吊顶的木龙骨是否涂刷了防火材料，其次是检查吊杆的间距，吊杆间距不能过大，否则会影响其承受力，间距应在 600 ~ 900 毫米。再次要查看吊杆的牢固性，是否有晃动现象	是	否
水路改造	对水路改造的检查主要是进行打压实验，打压时压力不能小于 6 公斤，打压时间不能少于 15 分钟，然后检查压力表是否有泄压的情况	是	否
电路改造	检查电路改造时插座的封闭情况，同时还要检查吊顶里的电路接头是否也用防水胶布进行了处理	是	否
木制品	首先要检查现场木作的尺寸是否精确，还应查看门缝、门套的接缝是否严密	是	否
墙砖、地砖	检查墙、地砖的空鼓率和色差，同时还要检查墙、地砖砖缝的美观度	是	否
墙面、顶面	墙面、顶面应该检查其腻子的平整度，可以用靠尺进行检验，误差在 2~3 毫米以内为合格。业主在验收墙面、顶面时尤其要注意阴阳角是否方正、顺直，用方尺检验即可	是	否
防水	通过做闭水实验来检验。除了检查地漏房间的防水，业主还应检验淋浴间墙面的防水。检查墙面防水时可以先检查墙面的刷漆是否均匀一致，有无漏刷现象，尤其要检查阴阳角是否有漏刷，避免阴阳角漏刷导致返潮发霉	是	否

装修达人的课堂提示

警惕施工进度监督不力，工期拖延

当装修工程开始进行时，最重要的就是把各项工程的施工进度掌控好。施工要考虑到材料、人员的安排，以及实际工作的天数，与各工班之间的衔接等各项内容，所以重点监控是非常有必要的。无论是和专业人员开会讨论检查施工进度，或者使用备忘录，都应让施工进行得顺利，不拖延工期。

方法 1　要有设计备忘录

如果找的是专业设计师，那么业主应该会拿到一份设计需求表。内容会详细记录各个空间需要的功能或者家具的摆放位置，其可行性也需要后期协商的。所以业主要把中间一些变更情况记录下来，以便后期查阅。

方法 2　准确清点施工人数和材料

工程进度包括进场人数的多少和材料的进场情况。如果业主无法到场也要委托专人到现场清点。

方法 3　每周定时开会交流掌握工程近况

每周应与设计师或某单项的施工队开会交流，检查工程进度与施工内容。有些水电变更或是瓷砖铺贴等细节问题，要确定好修改完成的时间。

方法 4　口头约定落实到纸上

记得将口头约定的事情记录下来，以免空口无凭，也可避免随便承诺而引起的不愉快。

方法 5 点工点料自行协调进货时间

如果业主是以点工点料的方式来自行采购，那么时间应当由业主或工人来协调，业主必须提前将所需材料运进场，配合施工进度，如因时间配合不及时而延误施工进度，业主需自行承担损失。

方法 6 验收与工程款结算及时

装修中，有一些如水电工程项目是需要业主进行验收后才能进行下一步施工的。而很多时候，由于业主很忙，在验收的时候自己没有办法去现场签字确认，因此验收时间就要推迟；此外，有些装修工程的付款方式是分期付款，如果业主没有及时结算阶段性工程款，施工队就可能停工，造成装修延期。

所以装修开始后，如遇一些需要业主验收签字的工程，业主应合理安排好时间，防止拖延。此外也需要准备好工程款，防止工程款未及时支付而造成停工等情况发生。

第九章

装修完工验收

不掉入施工质量以次充好的陷阱

验收前的准备工作

① 了解验收常识

装修验收是家庭装修的重要步骤，对装修中的各个部分进行验收可以避免装修后期一些质量问题的出现。装修验收分初期、中期和尾期三个阶段，并且每个阶段验收项目都不相同，尤其是中期阶段的隐蔽工程验收，对家庭装修的整体质量来说至关重要。

② 了解装修初期要验收什么

初期验收最重要的是检查进场材料（如腻子、胶类等）是否与合同中预算单上的材料一致，尤其要检查水电改造材料（电线、水管）的品牌是否属于装修公司专用品牌，避免进场材料中掺杂其他材料，影响后期施工。如果发现进场材料与合同中的品牌不同，则可以拒绝在材料验收单上签字，直至与装修公司协商解决后再签字。

③ 了解装修中期工程验收应该注意哪些问题

业主们需要注意，一般在装修进行 15 天左右就可进行中期验收（别墅施工时间相对较长）。中期验收分为第一次验收与第二次验收。中期工程是装修验收中最复杂的步骤，包括：水电工程、墙面工程、地面工程、吊顶工程、防水和各种木制品的验收，其是否合格将会影响后期多个装修项目的进行。

④ 了解装修后期要验收什么

后期验收相对中期验收来说比较简单，主要是对中期项目的收尾部分进行检验。如木制品、墙面、吊顶，可对表面油漆、涂料的光滑度、是否有流坠现象以及颜色是否一致进行检验。

验收电路

电路主要查看插座的接线是否正确以及是否通电，卫浴间的插座应设有防水盖。

验收地漏

主要验收有地漏的房间是否存在"倒坡"现象。检验方法非常简单，打开水龙头或者花洒，一定时间后看地面流水是否通畅，有无局部积水现象。除此之外，还应对地漏的通畅、坐便器和面盆的下水进行检验。

验收地板、塑钢窗等尾期装修项目

验收地板时，应查看地板的颜色是否一致，是否有起翘、响声等情况。验收塑钢窗时，可以检查塑钢窗的边缘是否留有 10 ~ 20 毫米的缝隙填充发泡胶。此外，还应检查塑钢窗的牢固性，一般情况下，每 600 ~ 900 毫米应该打一颗螺栓固定塑钢窗，如果固定螺栓太少将影响塑钢窗的使用。

验收细节问题

如厨房、卫浴间的管道是否留有检查备用口，水表、气表的位置是否便于读数等。

家装验收所需工具

1 卷尺

卷尺是日常生活中常用的工具，在验房时主要用来测量房屋的净高、净宽和橱柜等的尺寸，检验预留的空间是否合理，橱柜的大小是否和原设计一致。

2 垂直检测尺（靠尺）

垂直检测尺是家装监理中使用频率最高的一种检测工具，用来检测墙面、瓷砖是否平整、垂直，地板龙骨是否水平、平整。

3 塞尺

将塞尺头部插入缝隙中，插紧后退出，游码刻度就是缝隙大小，检查它们是否符合要求。

4 方尺

主要用来检测墙角、门窗边角是否呈直角。使用时，只需将方尺放在墙角或门窗内角，看两条边是否和尺的两边吻合。

5 检验锤

这个可以自由伸缩的小金属锤是专门用来测试墙面和地面的空鼓情况的，通过敲打时发出的声音来判断墙面是否存在空鼓现象。

6 磁铁笔

这个貌似笔头的工具里面是一块磁铁，具有很强的磁性，专门用来测试门窗内部是否有钢衬。合格的塑钢窗内部是由钢衬支撑的，可以保持门窗不变形，如果门窗内部有钢衬就能紧紧吸住这个磁铁笔。

7 试电插座

试电插座是用来测试电路内线是否正常的一项必备工具。试电插座上有三个指示灯，从左至右分别表示零线、地线、火线。当右边的两个指示灯同时亮时，表示电路是正常的，当三个灯全部熄灭时则表示电路中没有相线；只有中间的灯亮时表示缺地线；只有右边的灯亮时表示缺零线。

各项施工质量验收表

　　由于业主在装修的问题上并不能做到"百事通"的程度，所以这就要求验收不能过于复杂难懂，但又要保证验收质量。其实，房屋验收也可以是一件简单而轻松的事情。各项施工质量验收表，能方便业主随时进行施工验收。

吊顶施工质量验收表

序　号	检验标准	是否符合	
1	吊顶的标高、尺寸、起拱和造型是否符合设计的要求	是	否
2	饰面材料的材质、品种、规格、图案和颜色应符合设计要求。当饰面材料为玻璃板时，应使用安全玻璃或采取可靠的安全措施	是	否
3	饰面材料的安装应稳固严密。饰面材料与龙骨的搭接宽度应大于龙骨受力面宽度的 2/3	是	否
4	吊杆、龙骨的材质、规格、安装间距及连接方式应符合设计要求。金属吊杆、龙骨应进行表面防腐处理；木龙骨应进行防腐、防火处理	是	否
5	明龙骨吊顶工程的吊杆和龙骨安装必须牢固	是	否
6	暗龙骨吊顶工程的吊杆、龙骨和饰面材料的安装必须牢固	是	否
7	石膏板的接缝应按其施工工艺标准进行板缝防裂处理。安装双层石膏板时，面板层与基层板的接缝应错开，并不得在同一根龙骨上接缝	是	否
8	饰面材料表面应洁净、色泽一致，不得有曲翘、裂缝及缺损。饰面板与明龙骨的搭接应平整、吻合，压条应平直、宽窄一致	是	否
9	饰面板上的灯具、烟感器、喷淋等设备的位置应合理、美观，与饰面板的交接应严密吻合	是	否
10	金属龙骨的接缝应平整、吻合、颜色一致，不得有划伤、擦伤等表面缺陷	是	否
11	木质龙骨应平整、顺直、无劈裂	是	否
12	吊顶内填充吸声材料的品种和铺设厚度应符合设计要求，并应有防散落措施	是	否

注：若监工结果未符合标准，应由业主、设计师、施工队共同商榷出解决办法。

水路施工质量验收表

序 号	检验标准	是否符合	
1	管道工程施工除符合工艺要求外，还应符合国家有关标准规范	是	否
2	给水管道与附件、器具连接严密，经通水实验无渗水	是	否
3	排水管道应畅通、无倒坡、无堵塞、无渗漏，地漏篦子应略低于地面	是	否
4	卫生器具安装位置正确，器具上沿要水平端正牢固，外表光洁无损伤	是	否
5	管材外观质量：管壁颜色一致，无色泽不均匀及分解变色线，内外壁应光滑、平整，无气泡、裂口、裂纹、脱皮、痕纹及碰撞凹陷。公称外径不大于32毫米，盘管卷材调直后截断面应无明显椭圆变形	是	否
6	管检验压力，管壁应无膨胀、无裂纹、无泄漏	是	否
7	明管、主管管外皮距墙面距离一般为 25 ～ 35 毫米	是	否
8	冷热水间距一般不小于 150 ～ 200 毫米	是	否
9	卫生器具采用下供水，甩口距地面一般为 350 ～ 450 毫米	是	否
10	洗脸盆、台面距地面一般为 800 毫米，沐浴器为 1800 ～ 2000 毫米	是	否
11	阀门方面：低进高出，沿水流方向	是	否

注：若监工结果未符合标准，应由业主、设计师、施工队共同商榷出解决办法。

电路施工质量验收表

序 号	检验标准	是否符合	
1	所有房间灯具使用正常	是	否
2	所有房间电源及空调插座使用正常	是	否
3	所有房间电话、音响、电视、网络使用正常	是	否
4	有详细的电路布置图，标明导线规格及线路走向	是	否
5	灯具及其支架牢固端正，位置正确，有木台的安装在木台中心	是	否

注：若监工结果未符合标准，应由业主、设计师、施工队共同商榷出解决办法。

隔墙施工质量验收表

序　号	检验标准	是否符合
1	骨架隔墙工程边框龙骨必须与基体结构连接牢固，并应平整、垂直、位置正确	是　否
2	骨架隔墙中龙骨间距和构造连接方法应符合设计要求。骨架内设备管线的安装、门窗洞口等部位加强龙骨应安装牢固、位置正确，填充材料的设置应符合设计要求	是　否
3	木龙骨及木墙面板的防火和防腐处理应符合设计要求	是　否
4	墙面板所用接缝材料的接缝方法应符合设计要求	是　否
5	骨架隔墙表面应平整光滑、色泽一致、洁净、无裂缝，接缝应均匀、顺直	是　否
6	骨架隔墙上的孔洞、槽、盒应位置正确、套割吻合、边缘整齐	是　否
7	骨架隔墙内的填充材料应干燥，填充应密实、均匀、无下坠	是　否

注：若监工结果未符合标准，应由业主、设计师、施工队共同商榷出解决办法。

墙面抹灰质量验收表

序　号	检验标准	是否符合
1	抹灰前将基层表面的尘土、污垢、油污等清理干净，并应浇水湿润	是　否
2	一般抹灰所用材料的品种和性能应符合设计要求。水泥的凝结时间和安定性复检应合格。砂浆的配合比应符合设计要求	是　否
3	抹灰层与基层之间及各抹灰层之间必须黏结牢固，抹灰层应无脱层、空鼓，面层应无爆灰和裂缝等缺陷	是　否
4	一般抹灰工程的表面质量应符合下列规定：普通抹灰表面应光滑、洁净，平整，分格缝应清晰；高级抹灰表面应光滑、洁净、颜色均匀、无抹纹，分格缝和灰线应清晰美观	是　否
5	护角、孔洞、槽、盒周围的抹灰表面应整齐、光滑。管道后面的抹灰表面应平整	是　否
6	抹灰总厚度应符合设计要求，水泥砂浆不得抹在石灰砂浆上，罩面石膏灰不得抹在水泥砂浆层上	是　否
7	抹灰分格缝的设置应符合设计要求，宽度和深度应均匀，表面应光滑，棱角要整齐	是　否
8	有排水要求的部位应做滴水线（槽）。滴水线（槽）应整齐平顺，滴水线应内高外低，滴水槽的宽度和深度均应不小于10毫米	是　否

注：若监工结果未符合标准，应由业主、设计师、施工队共同商榷出解决办法。

陶瓷墙面砖施工质量验收表

序 号	检验标准	是否符合	
1	陶瓷墙砖的品种、规格、颜色和性能应符合设计要求	是	否
2	陶瓷墙砖粘贴必须牢固	是	否
3	满粘法施工的陶瓷墙砖工程应无空鼓、裂缝	是	否
4	陶瓷墙砖表面应平整、洁净，色泽一致，无裂痕和缺损	是	否
5	阴阳角处搭接方式、非整砖的使用部位应符合设计要求	是	否
6	墙面突出物周围的陶瓷墙砖应整砖套割吻合，边缘应整齐。墙裙突出墙面的厚度应一致	是	否
7	陶瓷墙砖接缝应平直、光滑，填嵌应连续、密实；宽度和深度应符合要求	是	否
8	贴砖前要检查衔接工程是否就位（水电、配管）等	是	否
9	做记号避免使用油性笔以免材质污损	是	否
10	贴砖前是否做好防水	是	否

注：若监工结果未符合标准，应由业主、设计师、施工队共同商榷出解决办法。

马赛克施工质量验收表

序 号	检验标准	是否符合	
1	马赛克的品种、规格、颜色和性能应符合设计要求	是	否
2	马赛克粘贴必须牢固	是	否
3	满粘法施工的马赛克工程应无空鼓、裂缝	是	否
4	马赛克表面应平整、洁净，色泽一致，无裂痕和缺损	是	否
5	阴阳角处搭接方式、非整砖使用部位应符合要求	是	否

注：若监工结果未符合标准，应由业主、设计师、施工队共同商榷出解决办法。

乳胶漆施工质量验收表

序 号	检验标准	是否符合	
1	所用乳胶漆的品种、型号和性能应符合设计要求	是	否
2	墙面涂刷的颜色、图案应符合设计要求	是	否
3	墙面应涂饰均匀、黏结牢固，不得漏涂、透底、起皮和掉粉	是	否
4	基层处理应符合要求	是	否
5	表面颜色应均匀一致	是	否
6	不允许或允许少量轻微出现泛碱、咬色等质量缺陷	是	否
7	不允许或允许少量轻微出现流坠、疙瘩等质量缺陷	是	否
8	不允许或允许少量轻微出现砂眼、刷纹等质量缺陷	是	否

注：若监工结果未符合标准，应由业主、设计师、施工队共同商榷出解决办法。

木材表面涂饰施工质量验收表

序 号	检验标准	是否符合	
1	木材表面涂饰工程所用涂料的品种、型号和性能应符合要求	是	否
2	木材表面涂饰工程的颜色、图案应符合要求	是	否
3	木材表面涂饰工程应涂饰均匀、黏结牢固，不得漏涂、透底、起皮和掉粉	是	否
4	木材表面涂饰工程的表面颜色应均匀一致	是	否
5	木材表面涂饰工程的光泽度与光滑度应符合设计要求	是	否
6	木材表面涂饰工程中不允许出现流坠、疙瘩、刷纹等的质量缺陷	是	否
7	木材表面涂饰工程的装饰线、分色直线度的尺寸偏差不得大于 1 毫米	是	否

注：若监工结果未符合标准，应由业主、设计师、施工队共同商榷出解决办法。

木板饰面板施工质量验收表

序 号	检验标准	是否符合	
1	木板饰面板的品种、规格、颜色和性能应符合设计要求，木龙骨、木饰面板的燃烧性能等级应符合要求	是	否
2	木板饰面板的孔、槽数量、位置及尺寸应符合要求	是	否
3	木板饰面板的表面应平整、洁净、色泽一致，无裂痕和缺损	是	否
4	木板饰面板的嵌缝应密实、平直，宽度和深度应符合设计要求，嵌填材料色泽应一致	是	否

注：若监工结果未符合标准，应由业主、设计师、施工队共同商榷出解决办法。

铝合金饰面板施工质量验收表

序 号	检验标准	是否符合	
1	铝合金饰面板的品种、规格、颜色和性能应符合要求	是	否
2	铝合金饰面板安装工程的预埋件、连接件的数量、规格、位置、连接方法和防腐处理必须符合设计要求。后置埋件的现场拉拔强度也必须符合设计要求。铝合金饰面板的安装必须牢固	是	否
3	铝合金饰面板的表面应平整、洁净、色泽一致，无裂痕和缺损	是	否
4	铝合金饰面板的嵌缝应密实、平直，宽度和深度应符合设计要求	是	否

注：若监工结果未符合标准，应由业主、设计师、施工队共同商榷出解决办法。

大理石饰面板施工质量验收表

序 号	检验标准	是否符合	
1	大理石饰面板的品种、规格、颜色和性能应符合要求	是	否
2	大理石饰面板安装工程的预埋件、连接件的数量、规格、位置、连接方法和防腐处理必须符合设计要求。后置埋件的现场拉拔强度也必须符合设计要求。大理石饰面板的安装必须牢固	是	否
3	大理石饰面板的表面应平整、洁净、色泽一致，无裂痕和缺损。石材表面应无泛碱等污染	是	否
4	大理石饰面板的嵌缝应密实、平直，宽度和深度应符合设计要求，嵌填材料色泽应一致	是	否
5	采用湿作业法施工的大理石饰面板工程，石材应进行防碱背涂处理，饰面板与基体之间的灌注材料应饱满密实	是	否
6	大理石饰面板上的孔洞应套割吻合，边缘应整齐	是	否

注：若监工结果未符合标准，应由业主、设计师、施工队共同商榷出解决办法。

壁纸裱糊施工质量验收表

序 号	检验标准	是否符合	
1	壁纸的种类、规格、图案、颜色和燃烧性能等级必须符合要求	是	否
2	壁纸应粘贴牢固，不得有漏贴、补贴、脱层、空鼓和翘边	是	否
3	裱糊后各幅拼接应横平竖直，拼接处花纹、图案应吻合、不离缝、不搭接，且拼缝不明显	是	否
4	裱糊后壁纸表面应平整，色泽应一致，不得有波纹起伏、气泡、裂缝、褶皱和污点，且斜视应无胶痕	是	否
5	复合压花壁纸的压痕及发泡壁纸的发泡层应无损坏	是	否
6	壁纸与各种装饰线、设备线盒等应交接严密	是	否
7	壁纸边缘应平直整齐，不得有纸毛、飞刺	是	否
8	壁纸的阴角处搭接应顺光，阳角处应无接缝	是	否

注：若监工结果未符合标准，应由业主、设计师、施工队共同商榷出解决办法。

软包施工质量验收表

序 号	检验标准	是否符合	
1	软包面料、内衬材料及边框的材质、图案、颜色、燃烧性能等级和木材的含水率必须符合要求	是	否
2	软包工程的安装位置及构造做法应符合要求	是	否
3	软包工程的龙骨、衬板、边框应安装牢固，无翘曲，拼缝应平直	是	否
4	单块软包面料不应有接缝，四周应绷压严密	是	否
5	软包工程表面应平整、洁净，无凹凸不平及褶皱；图案应清晰、无色差，整体应协调美观	是	否
6	软包边框应平整、顺直、接缝吻合。其表面涂饰质量应符合涂饰工程的有关规定	是	否
7	清漆涂饰木制边框的颜色、木纹应协调一致	是	否

注：若监工结果未符合标准，应由业主、设计师、施工队共同商榷出解决办法。

陶瓷地面砖施工质量验收表

序 号	检验标准	是否符合	
1	面层所用板块的品种、质量必须符合设计要求	是	否
2	面层与下一层的结合（黏结）应牢固，无空鼓	是	否
3	砖面层的表面应洁净、图案清晰、色泽一致、接缝平整、深浅一致、周边直顺。板块无裂纹、掉角和缺棱等缺陷	是	否
4	面层邻接处的镶边用料及尺寸应符合设计要求，边角整齐且光滑	是	否
5	踢脚线表面应洁净、高度一致、结合牢固、出墙厚度一致	是	否
6	楼梯踏步和台阶板块的缝隙宽度应一致、齿角整齐。楼段相邻踏步高度差不应大于10毫米，且防滑条应顺直	是	否
7	面层表面的坡度应符合设计要求，不倒泛水、无积水，与地漏、管道结合处应严密牢固，无渗漏	是	否

注：若监工结果未符合标准，应由业主、设计师、施工队共同商榷出解决办法。

石材地面施工质量快速验收表

序 号	检验标准	是否符合	
1	大理石、花岗岩面层所用板块的品种、质量应符合设计要求	是	否
2	面层与下一层的结合（黏结）应牢固，无空鼓	是	否
3	大理石、花岗岩面层的表面应洁净、图案清晰、色泽一致、接缝平整、深浅一致、周边直顺。板块无裂纹、掉角和缺棱等缺陷	是	否
4	踢脚线表面应洁净、高度一致、结合牢固、出墙厚度一致	是	否
5	楼梯踏步和台阶板块的缝隙宽度应一致、齿角整齐。楼段相邻踏步高度差不应大于10毫米，且防滑条应顺直、牢固	是	否
6	面层表面的坡度应符合设计要求，不倒泛水、无积水，与地漏、管道结合处应严密牢固，无渗漏	是	否

注：若监工结果未符合标准，应由业主、设计师、施工队共同商榷出解决办法。

实木地板铺设质量快速验收表

序 号	检验标准	是否符合
1	实木地板面层所采用的材质和铺设时的木材含水率必须符合要求	是 否
2	木地板面层所采用的条材和块材，其技术等级及质量要求应符合要求	是 否
3	木格栅、垫木和毛地板等必须做防腐、防蛀处理	是 否
4	木格栅安装应牢固、平直	是 否
5	面层铺设应牢固、黏结无空鼓	是 否
6	实木地板的面层是非刨免漆产品，应刨平、磨光，无明显刨痕和毛刺等现象。实木地板的面层图案应清晰、颜色均匀一致	是 否
7	面层缝隙应严密、接缝位置应错开、表面要洁净	是 否
8	拼花地板的接缝应对齐、粘钉严密，缝隙宽度应均匀一致，表面洁净、无溢胶	是 否

注：若监工结果未符合标准，应由业主、设计师、施工队共同商榷出解决办法。

复合地板铺设质量快速验收表

序 号	检验标准	是否符合
1	强化复合地板面层所采用的材料，其技术等级及质量要求应符合要求	是 否
2	面层铺设应牢固、黏结无空鼓	是 否
3	强化复合地板面层的颜色和图案应符合设计要求。图案应清晰、颜色应均匀一致、板面无翘曲	是 否
4	面层接头应错开、缝隙要严密、表面要洁净	是 否
5	踢脚线表面应光滑、接缝严密、高度一致	是 否

注：若监工结果未符合标准，应由业主、设计师、施工队共同商榷出解决办法。

塑钢门窗安装质量验收表

序 号	检验标准	是否符合	
1	塑钢门窗的品种、类型、规格、开启方向、安装位置、连接方法及填嵌密封处理应符合要求。内衬增强型钢的壁厚及设置应符合质量要求	是	否
2	塑钢门窗框的安装必须牢固。固定片或膨胀螺栓的数量与位置应正确,连接方式应符合要求。固定点应距穿角、中横框、中竖框 150 ~ 200 毫米,固定点间距应不大于 600 毫米	是	否
3	塑钢门窗拼樘料内衬增强型钢的规格、壁厚必须符合要求,型钢应与型材内腔紧密吻合,其两端必须与洞口固定牢固。窗框必须与拼樘料连接紧密,固定点间距不应大于 600 毫米	是	否
4	塑钢门窗扇应开关灵活、关闭严密,无倒翘。推拉门窗扇必须有防脱落措施	是	否
5	塑钢门窗配件的型号、规格、数量应符合设计要求,安装应牢固,位置应正确,功能应满足使用要求	是	否
6	塑钢门窗框与墙体间缝隙应采用闭孔弹性材料填嵌饱满,表面应采用密封胶密封。密封胶应黏结牢固,表面应光滑、顺直、无裂纹	是	否
7	塑钢门窗表面应洁净、平整、光滑,应无划痕、碰伤	是	否
8	塑钢门窗扇的密封条不得脱槽,旋转窗间隙应基本均匀	是	否
9	平开门窗扇应开关灵活,平铰链的开关力应不大于 80 牛;滑撑铰链的开关力应不大于 80 牛,并不小于 30 牛;推拉门窗扇的开关力应不大于 100 牛	是	否

注:若监工结果未符合标准,应由业主、设计师、施工队共同商榷出解决办法。

木门窗安装质量验收表

序 号	检验标准	是否符合	
1	木门窗的品种、类型、规格、开启方向、安装位置及连接方法应符合要求	是	否
2	木门窗框的安装必须牢固。预埋木砖的防腐处理、木门窗框固定点的数量、位置及固定方法应符合要求	是	否
3	木门窗扇必须安装牢固，并应开关灵活、关闭严密无倒翘	是	否
4	木门窗配件的型号、规格、数量应符合设计要求，安装应牢固、位置正确，功能应满足使用要求	是	否
5	木门窗与墙体间缝隙的填嵌材料应符合设计要求，填嵌应饱满。寒冷地区外门窗（或门窗框）与砌体间的空隙应填充保温材料	是	否

注：若监工结果未符合标准，应由业主、设计师、施工队共同商榷出解决办法。

铝合金门窗安装质量验收表

序 号	检验标准	是否符合	
1	铝合金门窗的品种、类型、规格、开启方向、安装位置、连接方法及铝合金门窗的型材壁厚应符合设计要求。铝合金门窗的防腐处理及填嵌、密封处理应符合要求	是	否
2	铝合金门窗框的安装必须牢固。预埋件的数量、位置、埋设方式、与框的连接方式应符合要求	是	否
3	铝合金门窗扇必须安装牢固，并应开关灵活、关闭严密无倒翘，推拉门窗扇必须有防脱落措施	是	否
4	铝合金门窗配件的型号、规格、数量应符合设计要求，安装应牢固、位置应正确，功能应满足使用要求	是	否
5	铝合金门窗表面应洁净、平整、光滑、色泽一致、无锈蚀，应无划痕、碰伤，漆膜或保护层应连续	是	否
6	铝合金门窗推拉门窗扇开关力应不大于100牛	是	否
7	铝合金门窗框与墙体之间的缝隙应填嵌饱满，并采用密封胶密封，密封胶表面应光滑、顺直、无裂纹	是	否
8	门窗扇的橡胶密封条或毛毡密封条应安装完好，不得脱槽	是	否
9	有排水孔的铝合金门窗，排水孔应畅通，位置和数量应符合设计要求	是	否

注：若监工结果未符合标准，应由业主、设计师、施工队共同商榷出解决办法。

窗帘盒（杆）安装质量验收表

序号	检验标准	是否符合	
1	窗帘盒(杆)施工所使用的材料的材质及规格、木材的燃烧性能等级和含水率、人造板材的甲醛含量应符合要求和国家规定	是	否
2	窗帘盒（杆）的造型、规格、尺寸、安装位置和固定方法必须符合要求，窗帘盒（杆）的安装必须牢固	是	否
3	窗帘盒（杆）配件的品种、规格应符合设计要求，安装应牢固	是	否
4	窗帘盒（杆）的表面应平整、洁净、线条顺直、接缝严密、色泽一致，不得有裂缝、翘曲及损坏	是	否

注：若监工结果未符合标准，应由业主、设计师、施工队共同商榷出解决办法。

橱柜安装质量快速验收表

序号	检验标准	是否符合	
1	厨房设备安装前的检验	是	否
2	吊柜的安装应根据不同的墙体采用不同的固定方法	是	否
3	底柜安装应先调整水平旋钮，保证各柜体台面、前脸均在一个水平面上，两柜连接使用木螺钉，后背板通管线、表、阀门等应在背板划线打孔	是	否
4	安装洗物柜底板下水孔处要加塑料圆垫，下水管连接处应保证不漏水、不渗水，不得使用各类胶粘剂连接接口部分	是	否
5	安装不锈钢水槽时，应保证水槽与台面连接缝隙均匀，不渗水	是	否
6	安装水龙头，要求安装牢固，上水连接不能出现渗水现象	是	否
7	抽油烟机的安装，要注意吊柜与抽油烟机罩的尺寸配合，应达到协调统一	是	否
8	安装灶台，不得出现漏气现象，安装后用肥皂沫检验是否安装完好	是	否

注：若监工结果未符合标准，应由业主、设计师、施工队共同商榷出解决办法。

洗手盆安装质量验收表

序 号	检验标准	是否符合	
1	洗手盆安装施工要领：洗手盆产品应平整无损裂。排水栓应有不小于 8 毫米直径的溢流孔	是	否
2	排水栓与洗手盆连接时，排水栓溢流孔应尽量对准洗手盆溢流孔，以保证溢流部位畅通，镶接后排水栓上端面应低于洗手盆底	是	否
3	托架固定螺栓可采用不小于 6 毫米的镀锌开脚螺栓或镀锌金属膨胀螺栓（如墙体是多孔砖，则严禁使用膨胀螺栓）	是	否
4	洗手盆与排水管连接后应牢固密实，且便于拆卸，连接处不得敞口	是	否
5	洗手盆与墙面接触部应用硅膏嵌缝，如洗手盆排水存水弯和水龙头是镀铬产品，在安装时不得损坏镀层	是	否

注：若监工结果未符合标准，应由业主、设计师、施工队共同商榷出解决办法。

坐便器安装质量快速验收表

序 号	检验标准	是否符合	
1	给水管安装角阀高度一般距地面至角阀中心为 250 毫米，如安装连体坐便器应根据坐便器进水口离地高度而定，但不小于 100 毫米，给水管角阀中心一般在污水管中心左侧 150 毫米或根据坐便器实际尺寸定位	是	否
2	带水箱及连体坐便器其水箱后背部离墙应不大于 20 毫米。坐便器的安装应用不小于 6 毫米的镀锌膨胀螺栓固定，坐便器与螺母间应用软性垫片固定，污水管应露出地面 10 毫米	是	否
3	冲水箱内溢水管高度应低于扳手孔 30 ~ 40 毫米	是	否
4	安装时不得破坏防水层，已经破坏或没有防水层的，要先做好防水，并经 24 小时积水渗漏试验	是	否

注：若监工结果未符合标准，应由业主、设计师、施工队共同商榷出解决办法。

装修达人的课堂提示

警惕验收误区，防止装修公司蒙混过关

房子装修完毕后不要急着入住，先要仔细验收，并且警惕验收误区，才能避免入住后出现一些大大小小的问题，对生活造成困扰。

误区1 验收吊顶不检查清洁度

有些人会认为，吊顶不会有灰尘，不需要清洁检查，但如果吊顶是有凹凸造型的，就很容易藏污纳垢。因此对吊顶的清洁度也需要进行检查。

应对：业主可仔细检查吊顶的表面清洁度，吊顶空隙位置是否有杂物，或者是否有施工留下的废料等。

误区2 吊顶越平整越好

验收吊顶时存在这样的误区，吊顶必须安装平整。因此，业主在验收时对平整度的检查非常严格，认为吊顶平整度的要求与地面、墙面平整度要求相同，其实这种想法是不正确的。

应对：吊顶平整是好，但也并非越平整越好，需要考虑到吊顶龙骨日后下垂的问题，所以检查时，一般吊顶龙骨的中心应从短边起拱1/200，才符合标准。

误区3 重结果不重过程

有些年轻业主甚至包括一些公司的工程监理，对装修过程中的验收工作不是很重视，到了工程完工时，才发现有些隐蔽工程没有做好，如因防水处理不好导致的卫浴间墙壁发霉等。

应对：业主应提高警惕，做好每个步骤的验收工作，尤其是中期工程装修验收中的水电工程、墙面工程、地面工程、吊顶工程以及防水和各种木制品的验收，其是否合格将会影响后期多个装修项目的进行。

误区4 忽略室内空气质量验收

对于装修后的室内空气质量要验收检验。尽管装修公司都选择使用有国家环保认证的装修材料，但是因为目前市场上的任何一款材料，都或多或少地含有一定的有害物质，所以在装修的过程中，难免会产生一定的空气污染。

应对：业主在房子装修好后，不要急于入住，最少要空置通风一两个月。而且，有条件的家庭最好在装修完毕之后做室内空气质量检测，验收检测、治理合格之后再入住。